알면 알수록 재미있는
상어의 세계

상어는 왜?

알면 알수록 재미있는 상어의 세계

상어는 왜?

초판 2쇄 발행일 **2021년 8월 18일**
초판 1쇄 발행일 **2016년 10월 10일**

지은이 나카야 가즈히로
옮긴이 최윤·김병직

펴낸이 이원중
펴낸곳 지성사
출판등록일 1993년 12월 9일 **등록번호** 제10-916호
주소 (03458) 서울시 은평구 진흥로 68 2층(북측)
전화 (02) 335-5494 **팩스** (02) 335-5496
홈페이지 www.jisungsa.co.kr **이메일** jisungsa@hanmail.net

ISBN 978-89-7889-322-0 (03490)

「이 도서의 국립중앙도서관 출판예정도서목록(CIP)은 서지정보유통지원시스템 홈페이지(http://seoji.nl.go.kr)와 자료공동목록시스템(http://www.nl.go.kr/kolisnet)에서 이용하실 수 있습니다. (CIP제어번호:CIP2016023273)」

알면 알수록 재미있는
상어의 세계

상어는 왜?

나카야 가즈히로 지음
최윤 · 김병직 옮김

지성사

책을 내며

볼수록 신비로운 자연

10여 년 전 상어 전시회를 연 적이 있다. 상어에 관해 좀 더 많은 것을 알리려는 기획이었다. 행사 일부로 '상어 퀴즈 대회'가 있었으며, 퀴즈 중 하나가 "상어 고추는 몇 개일까?"였다.

아버지: 글쎄 몇 개일까?

아이: 두 개요.

아버지: 아니야, 하나뿐이야.

아이: 그런가? 다시 한 번 보고 와야지……. 두 갠데요?

아버지: 정말?

아이들과 부모들이 이 문제에 흥미가 많아 행사장은 '고추'에 대한 이야기로 한동안 떠들썩했다. 막 상어를 연구할 무렵 교과서에도 '상어 교미기는 두 개'라고 나와 있었다.

그런데 그 전시회 풍경을 보면서 '왜 두 개일까?'라는 소박한 의문을 뒤늦게 품게 되었다. 생각해 보면 이상한 일이다. 사실 자연계에는 알 수 없는 일들이 무수하다. 그것은 상어의 세계도 예외는 아니다. 그 때문에 상어 연구가들이 지금 이 시각에도 인도양과 대서양, 태평양 바다를 헤매고 있는 게 아닌가. 나도 아이슬란드에서 남아메리카에 이르기까지 돌아다니지 않은 곳이 거의 없다. 지구를 동서로 두 번이나 일주했으니 말이다. 그러는 사이 벌써 30년이나 흘렀다.

비록 상어에 관한 책이지만 이 책으로 더 많은 사람들이 모든 생명체에 흥미를 느꼈으면 좋겠다. 물론 물고기와 상어에 관해 공부하는 사람이 나온다면 더없이 기쁘겠지만.

이 책을 집필하고 한국에서 번역, 출판하는 데 여러 기관과 많은 분의 도움을 받았다. 김익수 교수(전북대), 구니오 아마오카 명예교수(홋카이도대학), 야베 마모루 교수(홋카이도대학), 이마무라 히사시조 교수(홋카이도대학), 우치다 센조우 관장(오키나와 추라우미 수족관), 니시다 기요노리(오사카 가이유칸 수족관), S. P. Iglesias(파리 자연사박물관), 권선만(홋카이도대학 대학원), 니와 나쓰코(와카나이 시립 중학교), 가메이 도모유키에게 감사의 말을 전한다.

이 책은 홋카이도대학 수산학부와 부경대학교가 중심이 되어 추진한 일본학술진흥회(JSPS)와 한국과학재단(KOSEF)의 한일거점대학공동연구 프로젝트의 성과물이다. 한국과 일본 연구가가 역할을 분담하여 출판한 것이지만, 양국 초·중학생들의 상어에 대한 인상이나 생각도 책 말미에 소개하였다. 글과 그림을 보내 준 일본의 이타가키 사나에, 호리 마아사, 아베 요시카 양, 그리고 한국의 강수현 양과 이상호, 주연규 군에게도 고마운 마음 전한다.

끝으로 나의 연구를 지지하며 늘 적극적으로 도와주는 아내 나카야 구미코, 한국을 방문할 때마다 정성스럽게 대접해 준 최윤 교수의 아내 김은영, 특히 이 책의 번역에 많은 도움을 준 김병직 박사의 아내 안정현 님께도 감사를 표한다.

아무쪼록 이 책이 상어에 대해 좀 더 알기 원하는 한국 독자들에게 도움이 되기를 바란다.

나카야 가즈히로

책을 옮기며

한 과학자의 검질긴 도전

세계적으로 상어 400여 종이 밝혀져 있고, 그중 10분의 1 정도인 43종의 상어가 최근까지 한반도 연근해에 분포하는 것으로 밝혀져 있다. 특히 백상아리는 서해안에 곧잘 출몰해 해산물을 채취하는 어민들과 해수욕장을 찾는 해수욕객을 긴장시키기도 한다. 반면에 세계적으로 상어 보호 운동이 확산되고, 서울을 비롯한 부산과 제주도의 대형 수족관에서 여러 종류의 상어를 직접 볼 수 있어서 상어가 공포의 대상이라기보다는 갈수록 사람에게 친근한 대상으로 다가오고 있다.

하지만 우리 주변에 상어에 대한 관심을 충족시켜 줄 만한 책은 몇 권 되지 않는다. 이 책 내용 대부분은 홋카이도대학 나카야 명예교수의 연구 결과이며, 일부는 20년에 걸친 옮긴이의 한국연근해 상어 연구 결과로 그동안 밝혀지지 않았던 상어에 관한 많은 비밀을 이 책에서 밝히고 있다. 그런 점에서 한 과학자의 예리한 관찰력과 끈기에 절로 감탄사가 나온다.

상어 연구가이면서도 나는 상어 교미기가 두 개인 것에 별다른 의문을 품지 않았다. 그러나 나카야 박사는 그 까닭을 집요하게 캐물어 과학적으로 분석하고 있다. 그뿐만 아니라 황새치 몸에 뚫린 구멍의 원인도 추적해 밝혀내고야 만다. 나카야 박사의 이런 자세는 과학도들의 본보기가 될 만하며, 놀랍고 경이로운 상어의 세계에 한 걸음 더 다가가게 했음도 분명하다. "왜 그럴까?"라는 의문을 제시하고, 상어의 교미기가 두 개인 이유는 종족번식의 이점 때문이며, 끈질긴 추적을 통해 황새치의 몸에 생긴 구멍이 커터쿠키 상어의 공격에 따른 흔적이라는 결론을 이끌어내는 데서 상어 연구자의 깊은 통찰력을 엿볼 수 있다.

나는 상어를 연구한 이래 지금까지 나카야 박사에게서 도움을 많이 받았다. 이 자리를 빌려 그간의 고마움을 표한다. 그리고 이 책을 번역하는 데 큰 도움을 준 안정현 님과 발간을 위해 수고한 지성사 이원중 사장을 비롯한 직원들께 감사의 뜻을 전한다.

최윤

차례

1장 상어는 물고기

2장 상어는 이런 물고기

3장 상어의 세계

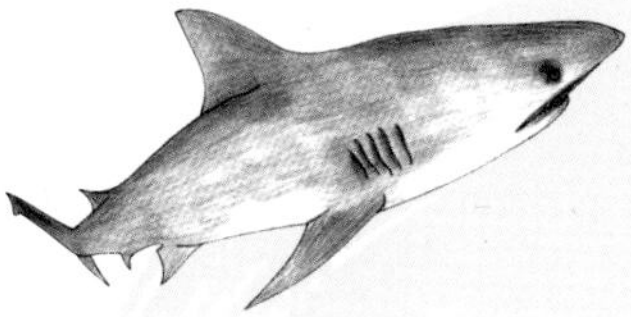

4장 상어 고추는 두 개

5장 상어 피해

더 알아보기

1장

상어는 물고기

수족관에서 상어는 매우 인기 있는 동물이다. 규모가 큰 수족관에서는 세계 각지에서 여러 종류를 수집하여 전시하기도 하고, 최근에는 불가능했던 사육에도 도전하고 있다. 나도 틈틈이 시간을 내어 수족관을 방문하는데 물고기보다는 사람들을 바라보고 있을 때가 더 많다. 사람들 모습이 더 흥미롭기 때문이다. 한 수족관에서는 이런 일이 있었다.

그 수족관에는 색깔이 화려한 열대어가 팔랑팔랑 헤엄치고 있는 것과 심해어가 어슬렁거리는 어두컴컴한 것이 많이 진열되어 있었는데, 유치원생들이 그 주변을 뛰어다니며 놀고 있었다. 그러던 아이들이 한 수족관 앞에 딱 멈추어 서서는 얼굴을 수족관 유리에 바짝 붙인 채 그 안을 들여다보기 시작했다. 왜 그럴까? 하는 호기심에 가까이 가 보니, 수족관 한 모퉁이에 상어 알이 있었고, 그 안에서 콩알만 한 상어가 꿈틀거리고 있었다.

"상어 아기래!!"

선생님까지도 아이들과 마찬가지로 덩달아 신기해 하는 바람에 수족관 주변은 잠시 소란스러워졌다. 아이들에게 그것은 매우 놀랍고 신선한 발견이었음에 틀림없다.

나는 학부생이나 대학원생에게 물고기를 비롯하여 문어, 새우 등 해양 동물에 관해 강의한다. 강의를 듣는 학생은 약 200명인데, 개중엔 졸거나 딴청을 피우는 학생도 있다. 그런데 상어 이야기를 할 때만큼은 모두 눈을 똑바로 뜨고 들어주었다. 학기 말에 강의들은 소감을 쓰게 했더니 "상어 이야기가 가장 재미있었다"는 학생이 압도적으로 많았다. 상어에게는 분명 사람의 관심을 끌어들이는 매력이 있다.

신문기자 : "저어… 선생님, 상어는 포유류의 한 종류가 아닌가요?"

나 : "예? 뭐라고 하셨죠? 아… 아뇨. 물고기입니다."

이것은 언젠가 방송 인터뷰에서 있었던 일이다. 이 기자는 상어가 고래와 같은 무리라고 생각했었다고 한다. 상어가 물고기라는 사실은 초등학생도 안다고 생각했었는데, 그게 아니었던가 보다.

이 책은 초등학교 고학년을 염두에 둔 것이지만, 아무래도 상어에 관한 좀 더 기본적인 것부터 이야기하는 것이 좋을 것 같다. 위의 신문기자처럼 상어를 돌고래 같은 포유류라고 생각하는 사람도 있을 듯하여.

상어는 분명 물고기다!

우선 상어가 포유류"인지 아닌지"부터 해결하자.
포유류란 어미가 새끼에게 젖을 먹여 키우는 온혈동물이다. 그런데 '어미상어가 새끼상어에게 젖을 먹인다'는 이야기는 물론, '상어 몸이 따뜻하다'는 말도 들어 본 적이 없다. 등지느러미를 물 위에 내놓고 헤엄치는 모습이 돌고래와 매우 비슷해 고래와 같은 포유류라고 오해했는지 모르겠지만, 이 두 종을 구별할 수 있는 차이점은 얼마든지 있다. 예를 들어 물고기는 아가미 호흡을 하기 때문에 아가미구멍이 있지만, 돌고래나 고래 등의 포유류는 허파 호흡을 하기 때문에 아가미구멍이 없다. 즉 상어에게는 아가미구멍이 5~7개 있다.

꼬리지느러미 모양도 서로 다르다. 물고기는 꼬리지느러미가 수직으로 되어 있어서 지느러미를 왼쪽 오른쪽으로 흔드는 데 반해,

돌고래나 고래의 꼬리지느러미는 수면과 수평을 이루고 지느러미도 위아래로 휘저으면서 전진한다. 상어는 고래와 달리 꼬리지느러미가 수직을 이루고, 지느러미를 왼쪽 오른쪽으로 흔들면서 나아가니 분명히 물고기다.

어류는 턱과 골격의 성질에 따라서 원구류와 연골어류, 경골어류 3종류로 나눌 수 있다. 이 가운데 상어는 연골어류에 속하는데, 연골어류의 가장 큰 특징은 글자 그대로 전체 뼈가 연골이라는 점이다. 우리 몸은 기본적으로 경골로 되어 있지만, 각 부위에 연골로 된 부분도 있다. 예를 들면 뼈와 뼈 사이에 있는 관절에도 연골이 있고, 더 쉬운 예로는 우리의 귀와 코를 이루고 있는 물렁뼈도 연골이다. 연골, 즉 물렁뼈는 잡아당긴다든지 하면 쉽게 모양이 변하다가도 곧바로 원래대로 돌아오는 아주 유연한 뼈이다. 상어는 몸 전체가 이러한 연골이다.

그러나 이 때문에 한 가지 오해를 사는 게 있다. '연골어류는 경골어류보다 원시적인 어류'라는 것이다. 그러나 이것은 매우 잘못된 생각이다. 연골어류와 경골어류는 매우 오래전에 나뉘어 서로 다른 방향으로 걸어가고 있는 친척뻘로, 어떤 것이 더 원시적인지 비교할 수 없다.

홍어와 상어는 친척

상어가 포함되는 연골어류에는 은상어류와 가오리류, 홍어류가 있는데, 모두 1,000여 종이 알려져 있다. 현재 전 세계 어류는 모두 2만 5천여 종으로, 이 가운데 연골어류는 전체의 25분의 1을 차지한다. 이렇듯이 연골어류는 어류 중에서도 소수파인데 특히 은상어류는 모습이나 형태가 매우 독특하고 그 수도 약 30종밖에 되지 않는다.

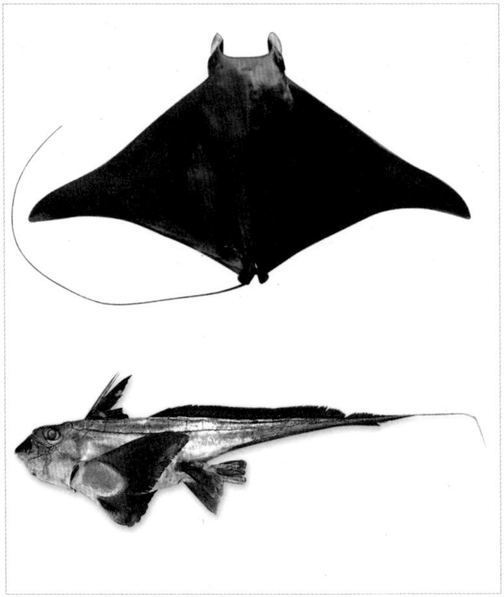

상어의 친척들. (위) 쥐가오리, (아래) 은상어.

이전에 상어와 홍어는 다른 그룹으로 분류되었지만, 최근 혈연관계를 조사한 결과에 따르면, 이들은 상어류 8개와 홍어류 1개, 합계 9개의 그룹으로 나누는 것이 더 타당하다고 한다. 다시 말해 홍어는 상어와 같은 무리라는 것이다. 그래서 최근에는 홍어를 '납작한 상어(flat shark)'라고 부르는 연구가들도 있다.

상어와 홍어에 대한 사람들 생

각이 예전에 비해 많이 달라졌지만, 아직도 상어는 '상어', 홍어는 '홍어'로 여기는 것이 보통이다. 그래서 이 책에서는 최근의 학문 체계를 따르면서도 '상어'만 한 그룹으로 묶어 '상어' 전반에 대해서 이야기하려 한다.

상어는 아가미구멍이 몸 옆에 있고 홍어는 배에 있다.
(위) 까치상어, (아래) 꽁지가오리.

앞에서 홍어가 상어와 같은 무리라고 했는데 생김새가 상어처럼 생긴 홍어도 있고, 홍어와 비슷한 상어도 있다. 이처럼 엇비슷한 상어와 홍어를 간단하게 구별하는 방법이 아가미구멍 위치다.

상어의 아가미구멍은 몸 옆면에 있어서 헤엄치고 있을 때도 잘 보인다. 그렇다면 홍어는 어떠할까? 수족관 바닥에서 쉬고 있는 홍어를 보면 아가미구멍을 어디에서도 찾아볼 수 없다. 바로 몸 아래(배)에 있기 때문이다. 즉, 몸 옆에 아가미구멍이 있으면 상어이고, 아래(배)에 있으면 홍어로 생각하면 된다. 상어처럼 생긴 홍어도(톱가오리), 홍어처럼 생긴 상어(전자리상어)도 아가미구멍 위치로 간단하게 구별할 수 있다.

2장 상어는 이런 물고기

자! 이제 상어의 이미지가 만들어졌으니 좀 더 구체적으로 상어에 대해 알아보자.

과거 지상에 살았던 생물의 모습을 알아내는 유일한 방법은 화석이다. 그러나 상어의 뼈는 연골로 되어 있기 때문에 바로 썩어버리고, 가장 딱딱한 이빨만이 화석으로 남는다. 드물게 몸 전체가 화석으로 남는 경우도 있지만, 99퍼센트는 이빨뿐이다. 이러한 이유로 상어 역사를 아는 것은 매우 어려운 일이다.

상어 몸은 거의 연골이라 대개 이빨만 화석으로 남는다. 상어 이빨 화석.

가장 오래된 상어 화석은 4억 5천만 년 전의 고생대 오르도비스기에서 실루리아기에 이르는 지층에서 발견되었지만, 상어 모습이 어땠는지는 전혀 알 수 없었다. 그 뒤 데본기, 즉 3억 6천만

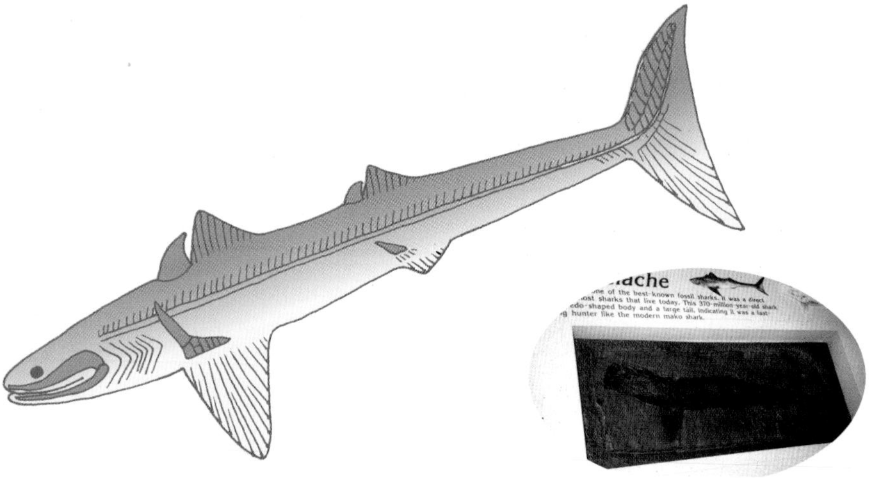

몸 전체가 잘 보존된 클라도세라키 화석. 그림은 복원도.

년 전 지층에서 클라도세라키(Cladoselache)라는 상어가 나타났다. 이 화석은 몸 전체가 훌륭하게 보존되었기 때문에 고대 상어 모습을 어느 정도 알려 주고 있다. 복원도를 보면 클라도세라키는 상어답지만, 오늘날 상어와 비교해 보면 몸이 꽤 원시적이다. 예를 들어 가슴지느러미와 배지느러미가 판자 모양이라 지금처럼 자유롭게 헤엄치지 못했을 것이다. 이 상어는 2억 9천만 년 전 석탄기가 끝날 무렵에 절멸하였고, 그 대신 오늘날 상어와 좀 더 비슷한 하이보돈츠(Hybodonts)라는 상어가 나타났다. 이 상어는 현재 상어와 비슷하게 생겼는데, 가슴지느러미와 배지느러미 기부(몸과 지느러미를 잇는 부분)가 날씬해서 비교적 능숙하게 헤엄쳤을 것 같다.

약 2억 년에서 1억 년 전인 중생대의 쥐라기, 백악기에는 좀 더

중생대 백상아리류 턱뼈. 이바라키 자연사박물관.

세련된 상어가 출현하였다. 이 시대 상어는 현재 상어와 형태가 매우 비슷해 오늘날 상어의 직접적인 조상이었으리라 추측된다. 약 6500만 년 전에는 오늘날 백상아리 조상인 초대형 상어도 출현하였다.

상어 역사를 매우 간단하게 설명했는데, 인간은 불과 수백만 년 전에 탄생했다. 상어는 인간의 200~300배에 이르는 먼 고대에서 이어져 내려온 동물이다.

세계 상어는 400여 종

상어는 몇 종류나 될까? 현재 알려진 상어는 8목 28과 103속 407종이다. 즉, 상어류가 크게 그룹 8개로 나뉘어진다는 것은 8목(目)으로 구분됨을 뜻한다. 종 수는 407종이지만 이 숫자는 연구가에 따라 다른 데다가 해마다 신종이 발견되고 분류학적인 종의 정리로 인하여 바뀌고 있다. 따라서 이것은 대략적인 숫자로 생각하면 좋을 것 같다. 최근의 몇 가지 연구를 종합해 보면, 세계적으로 약 400여 종의 상어가 있다고 이해하면 틀림없다.

그렇다면 한국에는 상어가 몇 종이 있을까? 최근의 『한국어류대도감』을 참고하면, 한국산 상어는 8목 19과 28속 40종이다. 따라서 한국의 상어는 전 세계 상어의 약 10분의 1이고, 일본산 상어는 8목 25과 63속 124종이므로 일본산 상어의 약 3분의 1이다. 이는 한반도를 둘러싸고 있는 황해와 동중국해 그리고 동해 수심이 비교적 얕고 해양 환경도 다양하지 못하기 때문일 것이다. 또 아직까지 상어 연구가 외국에 비해 활발하지 않으므로 좀 더 조사하면, 종 수는 더 늘어날 것이다.

8목 상어의 특징

상어는 경골어류와 꽤 다르다. 이것을 일일이 설명하자면 교과서처럼 따분해지니 그중 상어다운 재미있는 특징만 골라내어 설명하겠다.

현재 상어류는 8목으로 나뉘어 있는데, 각 목의 특징을 들여다보자.

괭이상어 목

세계에 1과 1속 8종이 있고, 그중 한국에는 2종이 분포한다. 괭이상어와 삿징이상어가 그것이며, 이 상어들은 솟아 나온 커다란 머리와 돼지와 같은 코끝, 큰 가시가 있는 등지느러미 2개, 소라와 성게 등의 딱딱한 껍데기를 씹어 먹을 수 있는 튼튼한 이빨 등 매우 별난 특징을 갖고 있다.

얕은 바다 바닥에 사는 소형 상어로 어미는 1.2미터까지 자라며 수족관에서도 볼 수 있다. 알을 낳는 상어다. 전남 여수에서는 솟아 나온 머리 모양 때문에 '박치기 상어'라고도 한다.

수염상어 목

세계에 5과 13속 32종이 있고, 그중 한국에는 3과 3속 3종이 있다. 이 종류는 보통 상어와 생김새가 많이 다르며 생태도 다양하다. 이 목에는 머리가 납작한 수염상어를 비롯하여 상어 중에서 가장 큰 고래상어 등이 포함된다. 이 상어들은 입 앞쪽에 콧수염이 있고, 코와 입이 고랑과 같은 홈으로 연결되어 있는 것이 특징이다.

고래상어는 난바다의 표층에 살지만, 나머지 종들은 얕은 바다 바닥에 산다. 이 상어들은 몸빛이나 생김새가 아름답고, 기르기도 쉬워 수족관에서 흔히 볼 수 있다. 일본에도 고래상어를 사육하여 전시하는 수족관이 있다.

이 목에 속하는 상어 중에서 가장 작은 것은 킬로스킬리움 야포니쿰〔*Chiloscyllium japonicum*〕으로 50센티미터이고, 가장 큰 것은 고래상어로 18미터이다. 이들은 알을 낳거나 새끼를 낳는다. 아직까지 한국 수족관에서는 고래상어를 볼 수 없으나, 조만간 그럴 수 있길 기대한다.

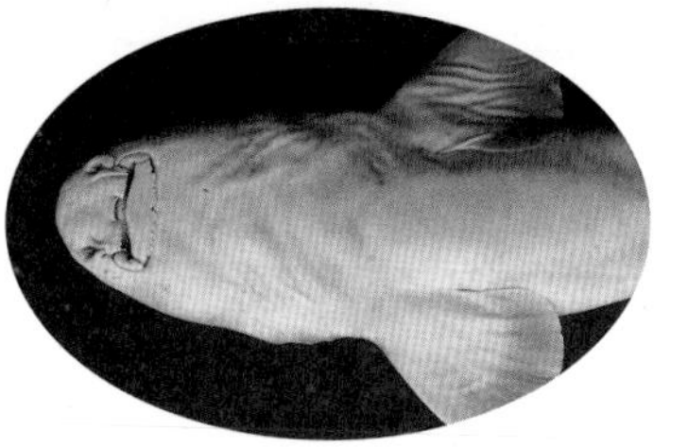

홈으로 연결되어 있는 수염상어의 코와 입.

흉상어 목

세계에 8과 48속 212종이 있다. 이 중 한국에는 5과 12속 18종이 산다. 상어 중에서 가장 종 수가 많으며 TV에 자주 등장하는 청새리상어와 흉상어, 귀상어, 사나운 뱀상어, 심해성의 아프리스투루스 플라티린쿠스〔*Apristurus platyrhynchus*〕 등이 여기에 포함된다. 이 목의 상어들은 등지느러미와 뒷지느러미가 2개 있고, 눈꺼풀이 있는 것이 특징이다. 청새리상어와 흉상어, 귀상어, 뱀상어 등은 사람을 공격하기도 한다.

이 목에 속하는 상어들은 얕은 바다에서 심해, 해저에서 표층,

연안에서 난바다에 이르는 거의 모든 바다에 살며, 큰 하천이나 호수에 사는 종도 있다. 이 중 가장 작은 상어는 동태평양에 사는 심해성 상어로 어미가 고작 30센티미터다. 가장 큰 것은 뱀상어로 7미터다. 이 상어들도 알을 낳거나 새끼를 낳는다.

악상어 목

세계에 7과 10속 16종에 있고, 한국에는 4과 6속 7종이 분포한다. 영화 <죠스>의 주인공으로 가장 위험한 상어인 백상아리와 소설 『노인과 바다』에 등장하는 청상아리, 플랑크톤을 먹는 돌묵상어, 꼬리지느러미가 긴 환도상어, 얼굴이 특이한 미스투쿠리나 오우스토니〔*Mistukurina owstoni*〕, 최근에 발견된 메가카스마 펠라기오스〔*Megachasma pelagios*〕 등이 여기에 포함된다. 이 목의 상어들은 몸집이 큰 것이 많고, 몇몇 종은 사람을 공격하기도 한다. 등지느러미가 2개이고, 꼬리지느러미 앞쪽에 양 옆으로 칼날처럼 튀어나온 융기선이 있으며, 눈꺼풀이 없는 것이 특징이다. 알을 낳거나 새끼를 낳는다.

주로 난바다 표층에서 산다. 대부분 활발하게 헤엄쳐 다니므로 수족관에서 사육하는 것은 어렵다. 강남상어가 전체 몸길이 1미터 정도로 가장 작고, 10미터를 넘는 돌묵상어가 가장 크다.

거대한 돌묵상어를 보면 마치 전동차 같아 소름이 돋지만, 사실은 사람을 공격하지 않는 온순한 상어이다. 돌묵상어 머리뼈는 몸

에 비해 매우 작아서, 가슴지느러미가 썩어서 빠져 버린 사체는 상어라고 믿기 어려울 정도다. 그 모습이 괴물 같아서 돌묵상어를 '바다의 괴물'이라 한다. 수년 전 뉴질랜드의 한 고기잡이배에 커다란 동물의 사체가 끌려 나와 '바다의 괴물'이 잡혔다고 소동이 벌어졌는데, 이것도 죽은 지 오래되어 지느러미가 빠져 버린 돌묵상어로 밝혀졌다.

한국에서도 전북 부안과 충남 보령 등의 서해안에서 6~8미터에 달하는 돌묵상어가 가끔 잡히는데, 이것을 백상아리로 잘못 알고 어민들이 크게 놀라는 경우가 종종 있다. 한국 서해안 어민들은 이 상어를 '물치'라고 부른다.

신락상어 목 세계에 2과 4속 5종이 있고, 한국에는 2과 2속 2종이 분포한다(칠성상어, 꼬리기름상어). '살아 있는 화석'이라고도 불리는 클라미도세라쿠스 안구이뉴스〔*Chlamydoselachus anguineus*〕와 아가미구멍이 7쌍인 꼬리기름상어 등이 여기에 속한다. 이 상어들은 아가미구멍이 6쌍 또는 7쌍이고, 등지느러미가 하나밖에 없는 것이 특징이다. 주로 심해성이며 기르기 어려워 수족관에서는 거의 볼 수 없다. 이들 중 가장 작은

것이 꼬리기름상어로 4미터이고, 가장 큰 것은 헥산쿠스 그리슈스〔*Hexanchus griseus*〕로 5미터다. 이 상어들은 태생으로 새끼를 낳는다.

칠성상어는 조선시대 정약전의 『자산어보』에도 기록되어 있으며, 전남 완도 일대에서 주로 낚인다. 낚시에 걸려 배에 올려지면 심하게 날뛰기 때문에, 어부들은 방망이로 머리를 내려쳐서 기절시킨 다음 갑판으로 옮긴다. 위험한 상어는 아니지만 몸집이 크고 사람을 공격하는 자세를 취할 때도 있으니 조심해야 한다.

돔발상어 목

세계에 3과 24속 87종이 있고, 한국에는 2과 2속 5종이 분포한다. 상어 중에서 두 번째로 종이 많으며, 산업적으로 중요한 곱상어와 원자력 잠수함을 공격한 적이 있는 달마상어, 추운 바다에 사는 솜니오수스 파키피쿠스〔*Somniosus pacificus*〕, 발광기를 가지고 있어서 빛을 내는 심해성인 가시줄상어 등이 여기에 든다. 앞에 강한 가시가 있는 등지느러미가 2개이고 뒷지느러미는 없는 것이 특징이다.

대부분은 중간층 바다에서 살기 때문에 사육

하기 어려우므로 수족관에서는 보기 힘들다. 가장 작은 것은 난장이상어로 어미 몸길이가 20센티미터에 불과하고, 가장 큰 것은 솜니오수스 파키피쿠스로 7미터까지 자란다. 태생 상어로 새끼를 낳는다.

전자리상어 목

세계에 1과 1속 3종이 있고, 한국에는 2종이 분포한다. 몸은 홍어처럼 납작하지만 아가미구멍이 가슴지느러미 바로 앞에 있는 분명한 상어의 한 종류다. 입이 몸의 앞에 있고, 입 주위에 수염이 많다. 얕은 바다 바닥에 살며, 수족관에서는 별로 볼 수 없다. 최대 2미터까지 자라며, 새끼를 낳는다. 한국에 사는 전자리상어와 범수구리 2종은 지방에 따라서 수구리 또는 전자리 등으로 구분 없이 불리며, 몸이 가오리와 비슷해 상어보다는 가오리의 한 무리로 생각하는 사람들이 많다.

톱상어 목

세계에 1과 2속 5종이 있고, 한국에는 톱상어 1종만 산다. 이 상어들은 칼처럼 생긴 주둥이 양쪽에 크고 작은 가시 모양의 돌기들이 열 지어

'사어'에서 유래된 '상어'

'상어'라는 이름은 '사어(鯊魚)'에서 유래된 것으로 원나라 때 지어진 『육서고』에는 '상어는 바다에 사는데, 그 껍질이 모래와 같다고 해서 사어(沙魚)라고 이름 지었다'고 기록되어 있다. 상어 몸이 방패비늘(순린)이라는 까칠까칠한 비늘로 덮여 있어서 붙여진 이름일 것이다. 얼핏 보면 보이지 않지만 상어 몸 전체에는 끝이 뒤로 향한 날카로운 방패비늘이 있어서, 꼬리 부분에서 머리 쪽으로 스치면 살갗이 벗겨지는 상처를 입는다. 즉, 모래알과 같은 상어 비늘에서 오늘날의 '상어'라는 이름이 생긴 것이다.

있어서 언뜻 보면 톱처럼 보인다. 아가미구멍은 5쌍 또는 6쌍이고, 등지느러미는 2개이며, 뒷지느러미는 없다. 주둥이 가운데에 긴 수염 1쌍이 있다. 주로 얕은 바다 바닥에 살고, 수족관에서는 별로 볼 수 없다. 최대 1.3미터까지 자라며, 태생 상어로 새끼를 낳는다.

3장

상어의 세계

1974년 피터 벤칠리(Peter Benchley)는 공포소설 『죠스』를 출판했다. 그 후 유니버셜 필름이 영화로 만들어 몇 개의 시리즈물로 제작되었고, 세계 각지에서 화제가 되었다. 나도 그 영화를 보았는데 소름이 끼칠 만큼 무서웠다. 그런데 그 영화에는, 상어는 아주 무섭고 잔악한 동물이라는 생각이 깔려 있었다. 하지만 모든 상어가 그처럼 무시무시한 것은 아니다.

따뜻한 열대 바다, 얼음같이 차가운 바다, 탁한 내만의 진흙 바다, 푸른 난바다, 반짝이는 산호초와 해초가 무성한 암반이 있는 바다, 암흑의 심해 등에 다양한 상어들이 살고 있고, 급류를 거슬러 올라가 상류 호수에서 생활하는 상어답지 않은 상어도 있다. 몸이 익거나 얼지 않는, 물이 있고 숨 쉴 수 있는 곳은 모두 상어의 생활 공간이다.

상어는 살고 있는 장소에서 살아남기 쉬운 형태의 몸을 가지고 있고, 그곳에 어울리는 생활 방식을 몸에 익힌다. 그래서 상어 생김새와 사는 방법은 천차만별이다. 무서운 죠스만이 상어는 아니다. 인간에게는 무해한 상어, 형태가 재미난 상어, 깜짝 놀랄 만한 일을 하는 상어, 처음 발견된 상어, 이름을 잘 모르는 상어 등등 여러 가지가 있다. 이 중 몇 가지를 소개한다.

:: 아주 무섭지만 새끼는 잘 키우는

백상아리

백상아리를 결정적으로 유명하게 한 것은 <죠스>라는 영화다. 백상아리라는 이름을 모르더라도, 상어라고 하면 사람들 대부분이 우선 떠올리는 것이 바로 죠스다. 그래서 상어에 관련된 사고가 일어났을 때 TV나 라디오 등 언론매체에서 백상아리에 관한 여러 가지 질문을 받는다. 그럴 때 곤란한 것은 좀처럼 정확히 대답할 수 없다는 것이다. 사실 백상아리같이 거대한 상어에 대해서조차 알려지지 않은 것이 더 많다.

더위에 약한 상어

백상아리가 열대 바다에서 살고 있다고 생각하는 사람이 많다. 그것은 틀린 생각이다. 백상아리는 오히려 조금 차가운 바다를 더 좋아한다. 백상아리의 세계 분포를 보면, 북미 캘리포니아 · 남아프리카 · 오스트레일리아 등 적도에서 떨어진 냉온대 바다에 많이 서식하고 있다.

홋카이도에서 잡힌 백상아리. 백상아리는 주로 냉온대 바다에서 산다.

한국에서도 전 근해에서 백상아리가 출현한다. 실제로 전북이나 충남 연안에서 해마다 3~5마리가 어선에 잡히고 있고, 이것은 싼 값에 어시장에서 거래된다. 바닷물이 차가운 5월에서 6월 초순에 특히 많이 잡히고, 동해에서는 3월과 11월에도 잡힌다.

일본 냉수역인 홋카이도에서도 잡힌 적이 있는데 당시 수온을 생각해 보면 러시아 해역에서도 백상아리가 분포할 수도 있다.

크기는 8미터?

백상아리는 최대 6미터 이상 자라는 것으로 알려져 있다. 거대한 상어가 발견되면 무엇보다도 그 크기가 관심사다. 그때 줄자가 있다면 좋겠지만, 없다면 양팔을 벌리거나 보폭으로 대략적인 크기를 잰다. 그래서 백상아리 같은 무시무시한 상어는 '엄청나게 컸다'는 소문이 꼬리에 꼬리를 물어 그 크기가 실제보다 10~15퍼센트 정도 커진다는 조사 결과가 있다. 5미터이었던 것이 6미터가 되고, 8미터인 것이 10미터로 부풀려지는 것이다.

1987년 오스트레일리아에서 거대한 백상아리가 잡힌 적이 있다. 상어를 잡은 어부는 자기 배[船] 크기와 비교해 '7미터 이상의 크기였다'고 증언했다. 그런데 배 위로 올릴 수 없을 정도로 너무 커서 버리고 왔다고 했다. 이것이 지금까지 보고된 그럴듯한(?) 백상아리 최대 크기다. 나중에 남겨진 가슴지느러미와 턱을 분석하여 크기를 추정했더니, 전체 몸길이가 5.2~8.0미터라는 결론이 나왔다. 따라서 백상아리 최대 크기는 위의 예와 같이 8미터일 가능성이 여전히 남아 있지만, 결국 정확한 크기는 알 수 없는 것이다. 한국에서 기록된 가장 큰 백상아리는 1998년 5월 인천 덕적도 해역에서 잡힌 것으로, 5.2미터였다.

태어났을 때 백상아리 새끼 크기는 1.2~1.5미터이다. 성숙한 암컷은 4.5~5미터, 수컷은 3.6미터 정도로 암컷이 수컷보다 더 자란다. 아직까지 5.5미터를 넘는 암컷이 발견된 적이 없으니 대략 그 크기일 것이다.

식사 메뉴

갓 태어났거나 전체 몸길이가 2미터가 채 안되는 어린 백상아리는 주로 새우류와 물고기를 먹지만, 어미 백상아리는 물개, 돌고래 등의 포유류를 먹는다. 물고기로는 참치와 같은 경골어류와 별상어 등 작은 상어를, 포유류로는 고래 · 돌고래 · 바다코끼리 · 바다표범 · 물개 · 바다사자 등을 공격해서 잡아먹는다.

백상아리 위(胃)에서 다 자란 물개나 어른만 한 고래 두 마리가 통째로 나온 예도 있다. 한국에서 잡힌 백상아리 위에서는 반쯤 소화된 돌고래 4마리분이 나온 적이 있다. 일본 홋카이도에서 잡힌 백상아리에서는 지름 30센티미터 정도의 고깃덩어리가 나왔다. 돌고래 살이었는데 200킬로그램 정도로, 어른 3명의 무게니 백상아리 먹이양이 어느 정도인지 가히 짐작할 수 있다.

먹이는 해역에 따라 다른 것 같다. 미국 서해안 백상아리는 바다표범을 많이 먹지만, 한국이나 일본 주변의 백상아리 먹이는 고래나 돌고래류다. 그렇지만 어느 백상아리나 포유류를 좋아하는 것은 사실이다.

큰 먹이를 공격할 때 백상아리는 대개 한 번 물고는 바로 놓아버린다. 그 먹이와 싸우다 부상당할 수 있기 때문인데, 상처 입은 먹이가 피를 흘리면서 약해질 때를 기다렸다가 공격한다. 좋아하는 먹이는 먹이가 죽을 때까지 입에 물고 있지만, 그렇지 않은 먹이는 바로 뱉어 버린다. 실제로 상어가 한 번 물었다가 뱉어 내어 목숨을 건진 사람들이 많다. 사람이 별로 맛이 없었던 것일까?

인간을 공격하다

사람이 백상아리에게 공격받은 횟수는 어느 정도일까?

국제상어피해목록(ISAF, International Shark Attack File) 홈페이지에는 1876년부터 2004년까지 129년간 212건(자연피해 수를 말함. 자연피해 수는 인간이 상어를 자극하지 않은 자연 상태에서 공격받은 횟수)의 피해가 확인되었다고 기록되어 있다. 단순히 계산하면 2년에 약 3건 공격당한 것이다. 그러나 실제로는 적어도 두 배 정도 더 피해를 입었으리라 추정한다. 이 조사는 20세기 후반부터 한 것이고 게다가 전 세계가 아니라 제한된 지역에서만 했기 때문이다. 한국은 1959년부터 피해가 발생했지만, 최윤 박사(군산대 교수)가 보고한 상어 피해가 공식적으로 기록된 것은 2002년 일이다.

세계적으로 백상아리 피해가 가장 많은 곳은 미국 서부 연안으로 80건 중 사망이 7건이다. 두 번째는 남아프리카로 46건 가운데 사망이 8건이었다. 세 번째는 오스트레일리아로 37건 가운데 26명이 사망했다.

한국에서 확인된 백상아리 피해는 모두 7건인데, 피해자 중 5명은 키조개를 채취하던 어민과 전복을 캐던 해녀들이었다. 또 1명의 피해자는 해수욕을 하던 대학생이었는데 유감스럽게도 6명 모두 사망했다. 1명만 구사일생으로 목숨을 건졌는데 이 해녀는 2005년 6월 충남 태안의 가의도 섬 근처에서 해산물을 채취하다 공격당했다.

정말 사람을 공격할까?

미국 캘리포니아 주에서는 바다에서 서핑하던 사람들이 백상아리에게 공격당하는 경우가 종종 있는데, 2005년 여름에도 어린 소년이 백상아리에 물려 숨졌다. 일부 학자들은 이러한 사고를 백상아리가 사람을 바다표범 등 먹이로 혼동해서라고 분석한다. 다시 말해서 바다 밑에서 보면 서퍼 모습이 바다표범 같다는 것이다.

캘리포니아에서 잠수복을 비롯하여 다양한 크기의 서핑보드, 공기를 넣어 부풀린 사각매트, 바다표범 모양의 고무튜브 등을 실제 바다에 띄워 백상아리 반응을 알아보는 실험을 한 적이 있다. 그 결과 백상아리가 가장 많이 사납게 공격한 것은 8미터짜리 서핑보드와 2미터 잠수복이었고, 타원형 물체에는 전혀 관심을 보이지 않았다. 이 실험을 통해 백상아리가 물체 크기와 모양에 따라 선호도가 다르며, 특히 가늘고 긴 물체에 흥미를 나타낸다는 사실을 알 수 있었다. 그러나 이러한 물체를 바다표범으로 잘못 알고 공격했는지 그 사실을 알 수 있는 방법은 없다. 이 해역에서 백상아리 먹이가 되는 바다표범 크기는 약 2미터다.

그렇다면 한국의 백상아리는 어떠한가? 근해에서 잡힌 백상아리 위 속에서는 돌고래가 많이 나온다. 특히 서해안에서 잡힌 백상아리 3마리 위 속에는 모두 반쯤 소화된 '쇠물돼지'라는 돌고래(일명 상괭이라고도 함)만 남아 있었다.

한국이나 일본에서 발생한 백상아리 피해를 조사해 보면 해저에서 작업하다 일어난 경우가 대부분이다. 잠수부들이 작업할 때는 수많은 공기방울과 커다란 소음을 내기 때문에 백상아리가 잠수부를 고래라고 잘못 알았다고는 생각되지 않는다. 그렇다면 어째서 사람을 공격하는 것일까? 정답은 백상아리만이 알고 있겠지만, 사람이 상어가 좋아하는 모양이나 크기의 동물임에는 틀림없다.

자신의 몸보다 큰 배도 공격한다?

영화 <죠스>를 보면 백상아리가 배를 공격해서 사람을 잡아먹는 장면이 있다. 15년 전 처음 그 영화를 보았을 때 아무리 악명 높은 백상아리라도 좀 지나치다 싶은 것이 솔직한 내 심정이었다.

그런데 영화를 연상시키는 사건이 일본에서 일어났다. 장소는 일본의 세토내해[瀨戶內海]. 공격당한 물체는 길이 5미터 정도의 소형 목선으로 나이 지긋한 어부가 한 명 타고 있었다. 난바다에서 배를 멈추고 낚시 준비를 하고 있는데 갑자기 백상아리가 배에 몸을 부딪혔다. 급기야 배 가장자리와 바닥을 사납게 물어뜯자 어부는 두려움과 공포 속에서 백상아리를 몽둥이로 때리고 밀치면서 쫓아 버렸다. 항구로 돌아와 배를 살펴보니 배 가장자리에 물어뜯은 자국이 남아 있었고, 배 바닥에는 상어의 아래턱 이빨이 박혀 있었다. 범인인 백상아리는 배와 크기가 비슷했다고 한다. 제대로 부딪혔다면 아마 그 정도 배로는 버텨 내지 못했을 것이다. 이보다 앞서 세토내해에서 어선이 백상아리에게 공격당한 일이 있었다. 그때 백상아리는 수면 위로 머리를 내밀고는 입을 벌려 물어뜯으려고 했다. 다행히도 두 어선의 어부는 무사했다.

영화 〈죠스〉 포스터

그렇다면 백상아리는 자주 배를 공격할까? 백상아리가 배를 공격한 예는 세계적으로 87건이나 된다. 그 다음은 청상아리로 20건, 3위는 뱀상어로 10건이다. 백상아리가 청상아리보다 거의 4배 더 공격한 것이다. 한국에서는 보고된 바 없지만, 백상아리가 배를 공격하는 것은 세계적으로 흔한 일이다.

한편 상어가 자신보다 큰 물체를 공격하지 않는다는 속설 때문에 최근까지도 잠수부들은 허리에 긴 띠를 묶고 바다로 들어갔는데, 이에 대한 과학적 근거는 없다.

백상아리는 어째서 먹을 수도 없는 배를 공격하는 것일까? 혹시 배 위에 있는 사람을 노렸을까? 그 이유에 관한 가장 일반적인 해석은, 프로펠러나 키 등의 금속에서 나오는 자기장이 백상아리 먹이에서 나오는 것과 비슷하기 때문이라는 것이다. 배에 가까이 다가온 백상아리는 분명히 배의 금속 부분을 물어뜯는 행동을 보인다.

그렇지만 그렇게 단순하게만 생각할 수는 없다. 사실, 위에서 말한 세토내해에서 공격당한 어선에는 프로펠러가 없었고, 게다가 그 배는 나무배였기 때문이다.

최근에 백상아리의 재미있는 행동 하나가 더 밝혀졌다. 'aerial gaping'이라는 행동인데, 쉽게 말하면 '허공에서 입 벌리기'다. 이 행동은 몇 단계로 이어지는데 그 동작은 다음과 같다.

- 몸을 비스듬히 하면서 머리를 수면 위로 내놓는다.
- 입을 크게 벌린 채 몸을 회전시킨다.
- 위아래 턱을 까닥까닥 움직이면서 수면을 부자연스럽게 헤엄친다.

약간의 장난(?)을 걸면 이 백상아리는 기묘한 행동을 시작한다. 먹이를 물려는 순간에 들어올리는 '장난' 말이다. 먹이가 가까이 있을 때 이 행동을 하기 때문에 연구가는 허공에서 입 벌리는 행동이 '먹이를 먹을 수 없었던 욕구 불만을 발산한 것'이라고 보았다.

먹이를 들어올리는 장난을 쳐도 이 행동을 하지 않는 상어도 있는데, 그러한 상어는 대부분 다른 행동을 했다. 자신과 가까운 배의 선체나 키를 물어뜯었고 동료를 공격하기도 했다. 이러한 결과에 따르면, 앞의 일본 어선 사고 2건은 어떤 이유로 먹이를 못 먹은 백상아리가 욕구 불만을 토해 낸 행동이었다고 추측할 수 있다.

백상아리는 난태생

상어의 생식 방법은 매우 다양하지만, 크게 알을 낳는 난생과 새끼를 낳은 태생으로 나눌 수 있다. 난생의 경우 알은 알껍데기에 싸여 나온다. 태생의 경우 새끼는 사람처럼 자궁 안에 생긴 태반과 긴 탯줄로 어미에게서 영양을 받아 자란다.

백상아리는 난태생인데 난태생이란 어미 배 속에서 알로 태어나 부화된 후에 새끼로 어미 몸 밖으로 나오는 것을 말한다. 그럼 새끼 상어는 어떻게 양분을 얻을까? 처음에는 자신의 난황으로 버티지만, 미처 자라기 전에 다 써 버린다. 그런데 밖으로 나가서 홀로 서기에는 아직 너무 어리다. 어떻게 해야 할까? 먼저 알에서 부화된 것이 근처의 다른 알을 우적우적 먹어 치운다. 갓 부화된 새끼 입에는 '훌륭한' 이빨도 나 있다. 이처럼 새끼는 어미 배 속에서 다른 알을 계속 먹으면서 자란다.

백상아리 외에도 청상아리 등 새끼를 기르는 상어들이 있는데 어느 경우는 새끼가 쌍둥이 또는 세쌍둥이가 되기도 한다. 결국 이 새끼들은 자궁 안에서 서로 잡아먹는 비극적인 전쟁을 일으킨다. 가장 안전해야 할 어미 배 속이 약육강식의 생존경쟁 터가 되는 것이다. 상어 자궁은 좌우에 하나씩 있어서 한쪽에서 한 마리씩만 살아남는다. 그래서 한 번에 두 마리만 출산한다.

백상아리 경우는 약간 다르다. 새끼를 세 마리 이상 낳기도 하고 14마리까지 낳은 예도 있다. 백상아리는 형제자매가 어미 배 속에서 사이좋게 자란다.

백상아리 새끼는 매우 크다. 출산 직전 몸길이가 보통 1~1.5미터다. 백상아리 새끼를 몇 번 보았는데, 몸길이가 1.4미터였다. 몸무게는 20킬로그램으로, 인간 신생아(약 3kg)의 6배 정도였다. 그래서 출산 직전 어미 배는 금방이라도 터질 듯 빵빵하다.

한편 어미 배 속이 아닌 바다에서도 백상아리 새끼가 잡힌다. 전북 군산 연도 해역에서 1.3미터짜리가 잡혔는데 그 정도의 크기라면 어미 배 속에서도 발견될 수 있는 크기이다. 어미 배 속에서 나올 때 백상아리 새끼 크기는 약 1.2~1.5미터로 알려져 있기 때문이다.

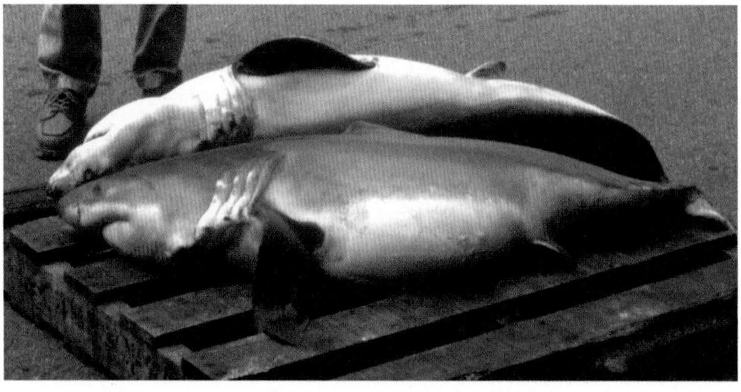

어미 배 속에 들어 있던 백상아리 새끼. 뒤쪽 사람 다리와 비교해 보면 그 크기를 짐작할 수 있다.

출산 장소는 어디?

백상아리가 새끼를 낳는 장소는 분명히 밝혀지지 않았지만, 일본의 시코쿠[四國]나 규슈[九州] 근해에서 만삭의 백상아리가 잡혔기 때문에 이 부근이 아닐까 싶다. 한국에서는 새끼 밴 백상아리가 잡힌 적은 없지만, 갓 태어난 새끼가 전북 군산 근해에서 잡힌 적이 있기 때문에 서해안에서도 새끼 낳을 가능성이 크다. 홋카이도에서 잡힌 백상아리에서도 태어나기 직전의 새끼가 발견되었으니, 백상아리가 새끼 낳는 곳이 한국이나 일본 주변일 가능성이 크다.

:: 놀랄 만큼 입이 큰

메가마우스상어

형태가 괴상한 상어가 일본 후쿠오카[福岡] 해역에서 발견되었다. 장소는 하카다[博多] 만의 맨 안쪽. 1994년 11월 29일 오전 10시 경, 새를 관찰하던 사람이 백사장에 누워 있는 이 '거대한' 상어를 발견한 것이다.

당시 나는 상어 연구를 위해 내가 소속된 홋카이도대학의 실습선 '오쇼로호'를 타고 인도네시아 남쪽의 인도양을 2개월간 항해하고 있었다. 그날도 일을 마치고 저녁을 먹으러 식당으로 내려갔다. 아무 생각 없이 식당 앞에 있는 팩스뉴스를 집어 들었는데 "메가마우스 후쿠오카에서 발견"이라는 큰 활자가 눈에 들어오는 게 아닌가! 상어 크기는 5미터 정도이고, 암컷이었다.

세계 최초의 암컷

후쿠오카 하카다 만에서 발견된 세계 최초의 암컷 메가마우스상어(우미노나카미치 마린월드 수족관 제공).

나는 이전에 메가마우스상어에 관해 연구한 적이 있기 때문에 이 상어에 대해 다른 사람보다 더 많은 흥미를 가지고 있었다. 그러던 중 이 뉴스를 접한 것이다. '세계에서 일곱 번째 메가마우스상어. 그리고 세계 최초의 암컷. 더구나 상당히 큰 녀석이다. 혹시 배 속에 새끼가 있을지도….' 이러저러한 궁금증에 저녁도 먹는 둥 마는 둥 한 후 무선실로 뛰어들어 가 메가마우스상어를 확보했다는 후쿠오카 수족관에 연락을 했다. 수족관에서는 우선 급한 대로 상어를 가까운 냉동 창고에 넣어 두었다고 했다.

내가 나가사키[長崎]에 입항한 것은 1994년도 얼마 남지 않은 12월 21일. 나는 곧바로 후쿠오카로 향했다. 메가마우스상어를 확보한 우미노나카미치 마린월드 수족관 관계자와 만나기로 되어 있었기 때문이다.

암컷은 어떻게 생겼을까? 배 속에 새끼는 있을까? 밀려오는 궁금증에 내 걸음은 더욱 빨라졌다. 이윽고 냉동 창고에서 그 거대한 상어와 마주했다.

취재팀의 조명 때문에 검은 피부가 반짝거리는, 처음 본 메가마우스상어는 아름답기까지 했다. 수족관 관장과 취재기자의 대화에서 이 상어가 이미 세계에 보도되어 국내는 물론, 해외에서도 많은 문의와 연구 희망 요청을 받았다는 사실을 알았다. 대학에 돌아와 연구팀을 꾸려 해부 일정을 세우는 등 연구 준비에 들어갔다.

연구 시작

일본 국내와 외국 연구가들과 의견을 맞추어 1995년 2월 9일에 상어를 해부하기로 하였다. 그 전에 딱딱하게 얼어 버린 5미터의 거대한 상어를 해동시키지 않으면 안 되었다. 그런데 이 큰 상어를 어떻게 해동시켜야 할지 알 수가 없었다. 처음부터 벽에 부딪힌 것이다. 큰 참치의 해동에 익숙

신종 발표 규칙

동물 이름은 자기 마음대로 붙일 수 없다. '국제동물명명규약'이라는 법률의 상세한 규칙에 따라야 한다. 그 규칙의 대원칙은 '빨리 알아낸 사람이 승리한다'이다. 다시 말해서, 신종 동물을 발견한 경우 한 달이든 일 년이든 빨리 발표한 사람이 이기는 것이다. 그 사람이 붙인 이름이 정식 학명이 된다. 단 하루만 늦어도 그간의 노력이 모두 물거품이 되어 버린다. 그러므로 신종 동물을 발견하였을 때는 다른 사람보다 하루라도 빨리 발표해야 한다(식물도 마찬가지임). 그리고 일본어로 쓰여 있든 한국어로 쓰여 있든 그 논문을 전 세계 학자들이 쉽게 볼 수 있는 학술지에 발표하는 것이 바람직하다.

한 어시장 사람들, 대학의 관련 분야 전문가 들의 자문을 들으면서 어렵게 방법을 생각해 냈다.

해부 9일 전에 냉동 창고에서 상어를 꺼내 특별히 제작한 해동용 수조로 옮겼다. 단 한 번의 실패도 용납할 수 없는 상황이었다. 표면이 녹아도 안쪽은 얼어 있을 수 있고, 그렇다고 해서 천천히 녹이면 내부가 다 녹기도 전에 표면이 썩어 버릴 것이다. 그러므로 짧은 시간에 몸 전체를 균일하게 해동시키지 않으면 안 된다.

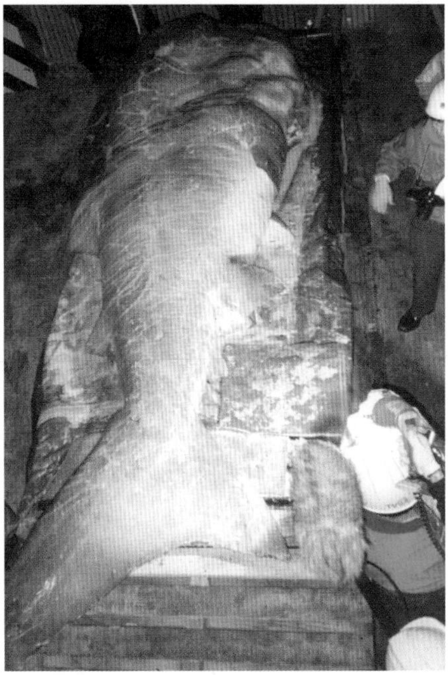

냉동 창고에 보관된 메가마우스상어.

몸 안에 온도계를 꽂고 주위 물을 차갑게 해 미세하게 온도를 조절하면서, 해동 작업은 신중하게 진행되었다.

해부

드디어 해부하는 날. 수족관 직원들이 세심하게 도와준 덕분에 내가 도착했을 때는 해부할 준비가 완벽하게 되어 있었다. 일본 국내

메가마우스상어 해부 장면. ① 몸길이 측정 ②복강 조사 ③ 입 조사

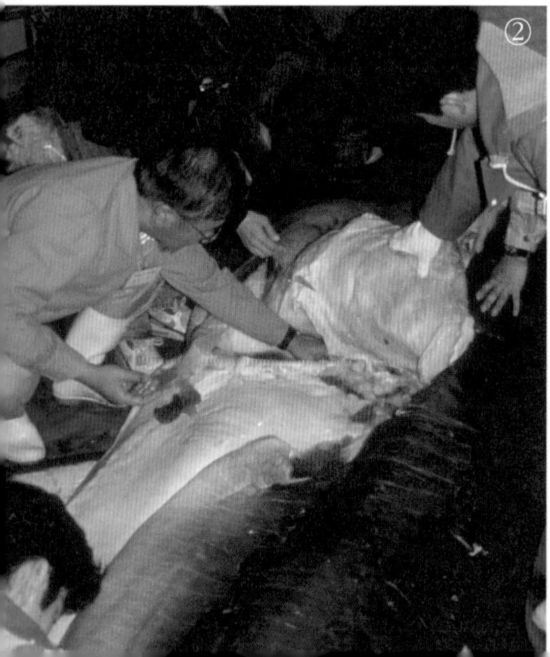

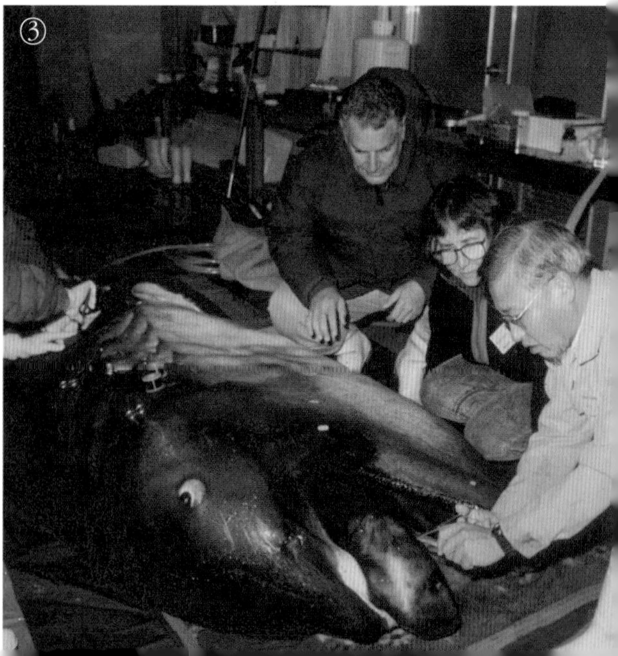

와 외국 상어 전문가, 어류학자, 신문과 TV를 보고 찾아온 일반인들, 보도팀 등 많은 사람들이 이미 와 있었다. 해부 순서는 불안하지 않았지만 해동이 잘 되었는지가 걱정이었다.

긴장의 연속이었다. 조명등이 일제히 켜지면서 메가마우스상어가 휘황찬란하게 빛났다. 손에 쥔 대형 해부 칼로 거대한 상어 배를 갈랐다. 배 안에 손을 밀어 넣었다. 손목이 끊어질 듯이 차가웠지만, 다행히 녹아 있었다. 해동은 성공적이었다.

해부 작업은 순조롭게 진행되어 저녁 무렵에 모두 끝났다. 해부 결과 세계 최초의 이 암컷 메가마우스상어는 사람으로 치면 14~15살 정도였다. 실망스럽게도 새끼를 배지는 않았고, 몸의 형태는 수컷과 같았다. 위에서는 잡아먹은 플랑크톤이 발견되었다.

신비한 흰 줄무늬

메가마우스상어 입 위에는 '기묘한' 흰 선이 있는데, 상어 몸이 검어서 이 선이 더 도드라진다. 마치 흰색 물감을 바른 듯이 선명했다. 그렇지만 이것만 그런 것인지, 메가마우스상어 전부가 그런지는 알 수 없었다. 해외의 상어 연구가들에게 편지와 메일을 보내 이 점을 물었는데 그들의 대답은 모두 '그렇다'였다.

메가마우스상어와 가짜 논문

미지의 동물이 발견되면 학명이 붙여진다. 연구가는 비슷한 종과 다른 점을 분명히 밝힌 다음, 그 동물에 어울리는 이름(학명)을 붙인다. 미지의 동물이 발견된 뒤 이름을 붙이기까지 보통 2년이 걸린다. 그러나 본인 이외에 그 동물을 아는 사람이 없어 실은 5년이 걸리든 10년이 걸리든 상관은 없다.

그렇지만 메가마우스상어의 경우는 좀 달랐다. 괴상한 생김새 때문에 일반인들도 이미 알고 있어 어떠한 학명이 붙여질지 모두 흥미롭게 지켜보았던 것이다. 그런데 발견된 지 4년이 지나고 5년째가 되어도 소식이 없자 일본에 있는 다른 분야 학자가 발표를 독촉(?)하기 위해 짓궂은 장난(?)을 쳤다. 자기 논문에 메가마우스상어를 이용한 것이다. 상어와 전혀 관련이 없는 그 논문에 하와이의 메가마우스상어 사진이 내용과 어울리지 않게 실려 있었다. 사진 설명은 '지붕 밑에서 발견된 너구리 사체'였고, 본문에 날조된 새로운 학명이 있었으며 megamouth라는 단어도 눈에 띄었다.

메가마우스상어를 연구하던 하와이 연구가는 미국인으로, 일본어를 전혀 몰라서 그 논문을 읽을 수가 없었다. 그 논문에서 메가마우스상어 사진을 발견했을 때 그 연구가의 놀라움은 상상하기 어렵지 않을 것이다.

'아니! 도대체 누가 이런 짓을 했지?!'

메가마우스상어라는 신종 발표는 이 일본어 가짜 논문에 선두를 빼앗겨 버린 것이다. 세기의 대발견이 더디 발표돼 빚어진 사건이다. 당시 최초 발견자 마음은 어떠했을까.

다행히 신종 발표가 유효하기 위해서는 또 다른 조건이 하나 있다. 공표되어 누구라도 자유롭게 그 논문을 입수할 수 있어야 한다. 그런데 그 가짜 논문은 개인적으로 만들어진 것이다. 공표되었다고 볼 수는 없었다.

결국 이 가짜 논문은 바로 들통이 났고, 1983년 드디어 메가마우스상어에 학명이 부여되었다. 발견된 지 7년이나 지나서였다. 메가마우스상어는 메가카스마 펠라기오스〔*Megachasma pelagios*〕라고 명명되었는데, 그 뜻은 "난바다에 사는 입이 큰 상어"다.

메가마우스상어는 암컷이든 수컷이든 입 위에 새하얀 선이 있다는 것이다. 그럼 이 흰 선은 왜 있는 걸까? 새로운 의문이 시작되었다.

흰 선의 역할을 생각하기 전에 하나 더 설명하겠다.

위턱 바로 위쪽에 있는 흰 선은 좌우로 가늘고 길게 있다. 턱을 내밀었을 때 분명하게 보이고, 입을 다물면 보이지 않는다. 후쿠오카에서 잡힌 상어의 선은 가로가 45센티미터, 세로가 4센티미터였다. 선 색깔은 눈처럼 하얬다.

흰색은 빛을 받으면 가시광선을 반사시켜 눈부시고 하얗게 반짝인다. 그러나 검은색 계통은 가시광선을 대부분 흡수하기 때문에 눈에 띄지 않는다. 어두컴컴한 바다 속에 들어가 있으면 흰색은 분명하게 보이지만, 검은 부분은 잘 안 보인다. 더 깊이 들어가면 흰 부분만 선명하다.

그렇다면 이 흰 선의 역할은 무엇일까?

먹이를 모은다

우선 먹이를 모으는 데 유용할 것이다.

메가마우스상어 위에서 해파리와 플랑크톤이 발견되었다. 메가마우스상어 이빨은 쌀알처럼 작고, 아가미 부분에는 플랑크톤을 거르는 데 적합한 체 역할을 하는 장치가 있다. 이러한 것에서 다음과 같은 상황을 추측할 수 있다.

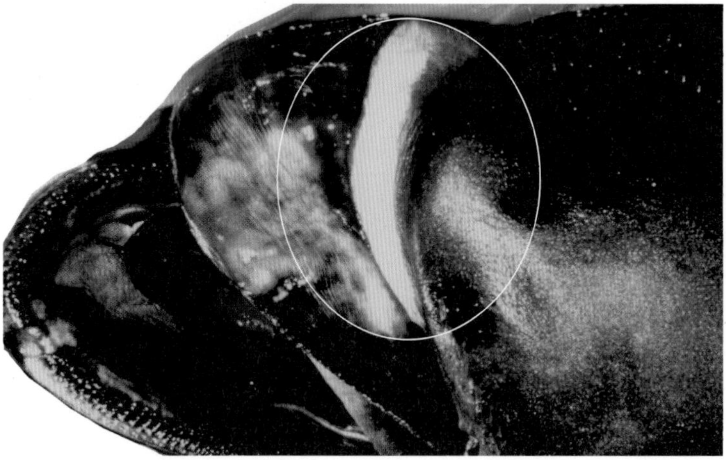

메가마우스상어 위턱에 있는 흰 선. 이 선은 어디에 쓰일까?

플랑크톤을 발견한 메가마우스상어가 천천히 위턱을 내밀어 흰 선을 보인다. 어두컴컴한 바다 속에서 밝게 빛나는 흰 선 쪽으로 플랑크톤이 서서히 모여든다. 메가마우스상어가 커다란 입을 열어 단번에 플랑크톤을 삼킨다.

이 상상이 사실이라면 흰 선은 집어등 역할을 하는 것이다.

의사를 표현한다

다른 하나는 의사를 전달하는 수단이 아닐까?

경골어류는 몸의 색이나 모양을 순간적으로 간단히 변화시킬 수 있다. 그것으로 공포심과 투쟁심, 위협 등 자신의 의지와 감정을 나타낸다.

그렇지만 상어는 몸의 색이나 모양을 바로 변화시킬 수 없다. 그래서 발광기가 있는 상어 이외에는 거의 의사를 표현할 수 없다. '상어는 무엇을 생각하는지 알 수 없다'는 말이 있는데, 사실이 그렇다.

그러나 메가마우스상어는 턱을 내민다든지 오므림으로써 자유롭게 흰 선을 보이기도 감추기도 할 수 있다. 그러므로 메가마우스상어가 자신의 의사를 이 흰 선으로 나타낸다고 해도 지나친 해석은 아닐 듯하다.

이러한 나의 추정이 맞다면 다음 이야기도 가능하다. 어두컴컴한 바다 속에서 적령기의 암컷 메가마우스상어가 무엇인가를 찾고 있다. 잠시 후 잘생긴 수컷을 만난 암컷은, 수줍은 듯 천천히 하얀 선을 보이기도 하고 감추면서 수컷을 유혹한다. 이번에는 얼굴에 상처 난 수컷이 흰 선을 살짝살짝 보이면서 "여기는 내 영역이다! 들어오면 알지!?"라며 주위에 있는 다른 무리들을 위협한다.

이러한 흰 선의 역할은 아직 추측에 불과하다. 맞는지 어떤지는 메가마우스상어만이 알고 있으리라.

메가마우스상어 발견의 역사

'메가마우스상어(Megamouth Shark)'란 말 그대로 '입이 큰 상어'라는 뜻이다. 이 상어는 6미터 정도까지 자라는 대형 상어인데, 이 상어의 발견이 상어 연구가들 사이에서는 20세기 최대의 뉴스였다.

메가마우스상어가 처음 발견된 것은 1976년 11월. 당시 하와이의 오아후(Oahu) 섬 난바다에 떠 있던 미국 조사선은 날씨가 좋지 않아 닻을 내리고 있었다. 바다 수심은 165미터. 바람이 잔잔해져 다시 닻을 올렸는데, 전에 본 적이 없는, 모양이 이상한 거대한 동물이 로프에 걸려 있었다. 깜짝 놀란 승무원들이 그 동물을 하와이까지 끌고 왔다.

뒷마당으로 들어온 '신종 코끼리'

하와이 매스컴에서는 '입이 거대한 이상한 상어가 발견되었다'며 대대적으로 보도했다. 그리고 그 상어에 '강렬한 인상을 주는 큰 입'이란 뜻의 '메가마우스상어'라는 이름을 붙였다. 이것이 사람이 처음으로 본 메가마우스상어인데, 이 상어는 몸길이 4.5미터의 성숙한 수컷이었다. 소형 트럭 정도 크기였고, 몸집은 드럼통 같았다. 세계 어류학자 그 누구도 평소에 많은 배들이 고기잡이 하던 눈앞의 바다에 이런 거대한 상어가 있으리라고는 꿈에도 생각하지 못했다. 수심 165미터 정도의 얕은 바다에 사는 물고기들은 이미 세상에 거의 알려졌다고 생각했던 것이다. 그러니 실로 놀랄 만한 발견이 아닌가!

어떤 사람은 메가마우스상어 발견을 '신종 코끼리가 슬며시 뒷마당으로 걸어 들어온 것과 같다'고 표현했는데, 그것은 아주 적절하다. 부산과 가까운 후쿠오카에서 출현한 메가마우스상어는 언젠가는 한국 연안에서도 출현할 가능성이 충분하다.

그런데 1984년 두 번째 메가마우스상어가 그물에 걸렸다. 미국 캘리포니아에서였다. 세 번째는 1988년 오스트레일리아 서해안의 얕은 바다에서였다. 돌고래로 잘못 알아 놓아 준 이 상어는 결국 죽어 버렸다. 현재 이 두 상어는 로스앤젤레스박물관과 호주의 퍼스(Perth)박물관에 표본이 남아 있다.

그런데 1989년 어느 날 홋카이도대학 수산학부 졸업생에게서 '해안에 거대한 상어가 밀려 올라왔는데, 도감을 찾아봐도 나오지 않는다. 이름을 알려 달라'는 편지가 날아왔다. 나는 동봉된 사진을 보고 소스라치게 놀랐다. 쩌-억 벌어진 큰 입, 바로 메가마우스상어가 아닌가! "여보게, 그 상어는 아주아주 진귀한 거야. 아직 세계에서 세 마리밖에 잡히지 않았어. 어떻게든 표본을 확보해 주게." 나는 즉시 전화했다. 그러나 돌아온 말은 매우 실망스러웠다. "해안에는 아무것도 없습니다. 큰 파도에 쓸려 내려가 버린 것 같습니다." 하지만 보내온 사진만으로도 메가마우스상어임은 의심할 여지가 없었다. 곧바로 일본에서 처음으로 잡힌 네 번째 메가마우스상어를 학회지에 보고했다.

그리고 그해, 같은 시즈오카[静岡] 현 정치망 안에서 큰 상어가 몸부림치고 있는 사진 몇 장이 발표되었다. 이것이 세계에서 다섯 번째 메가마우스상어였는데, 이때도 정치망의 어부가 돌묵상어로 잘못 알고 놓아 주었다고 한다. 이런 이유로 안타깝게도, 일본에서 발견된 메가마우스상어 두 마리는 사진 몇 장으로만 남아 있다.

여섯 번째 메가마우스상어는 1990년, 다시 캘리포니아에서 발견되었다. 어느 날 자망에 메가마우스상어가 걸려 있다고 현지 연구가가 통보해 왔다. 현장에 급히 가서 보니 상태가 좋았다. 상어 행동을 조사하기 위해 상어 몸에 발신기를 단 후 바로 놓아 주었다. 상어가 보내오는 음파를 분석했더니, 낮에는 수심 140~160미터에 있었고 밤에는 10~20미터인 곳까지 올라왔다. 첫 번째 메가마우스상어가 잡힌 곳은 수심 165미터였다.

여전히 '신비로운' 메가마우스상어

메가마우스상어는 2005년 11월 말까지 목격된 것까지 포함해 전부 37마리가 발견됐다. 이러한 기록을 통해서 메가마우스상어가 전 세계 열대 바다에서 온대 바다에까지 분포한다는 사실이 알려졌다. 메가마우스상어가 가장 많이 잡힌 장소는 태평양으로 31마리이고, 인도양에서 4마리, 대서양에서 2마리가 잡혔다. 이 37마리 가운데 수컷이 13마리, 암컷이 17마리이며, 7마리는 암수가 판별되지 않았다. 최대 몸길이는 6.27미터, 최소는 1.77미터였다. 그리고 어미 배 속에 든 새끼는 아직까지 발견되지 않았다. 메가마우스상어에 대해서 아직도 알려지지 않은 것이 많다.

:: 꼬리로 먹이를 사냥하는

환도상어

세계의 환도상어는 3종류인데, 한국에는 환도상어와 흰배환도상어 2종류가 있다. 환도상어는 한자로 쓰면 '미장사어(尾長鯊魚, 꼬리가 긴 상어)'인데, 문자 그대로 이상할 정도로 꼬리지느러미가 길다. 얼마나 긴가 하면 몸길이 절반이 꼬리지느러미이다. 보통 상어의 꼬리지느러미가 대체로 몸의 5분의 1 정도인 것을 감안하면 환도상어 꼬리지느러미가 얼마나 긴지 알 수 있다.

왜 이렇게 꼬리지느러미가 길까? 오히려 생활하는 데 방해가 되지는 않을까?

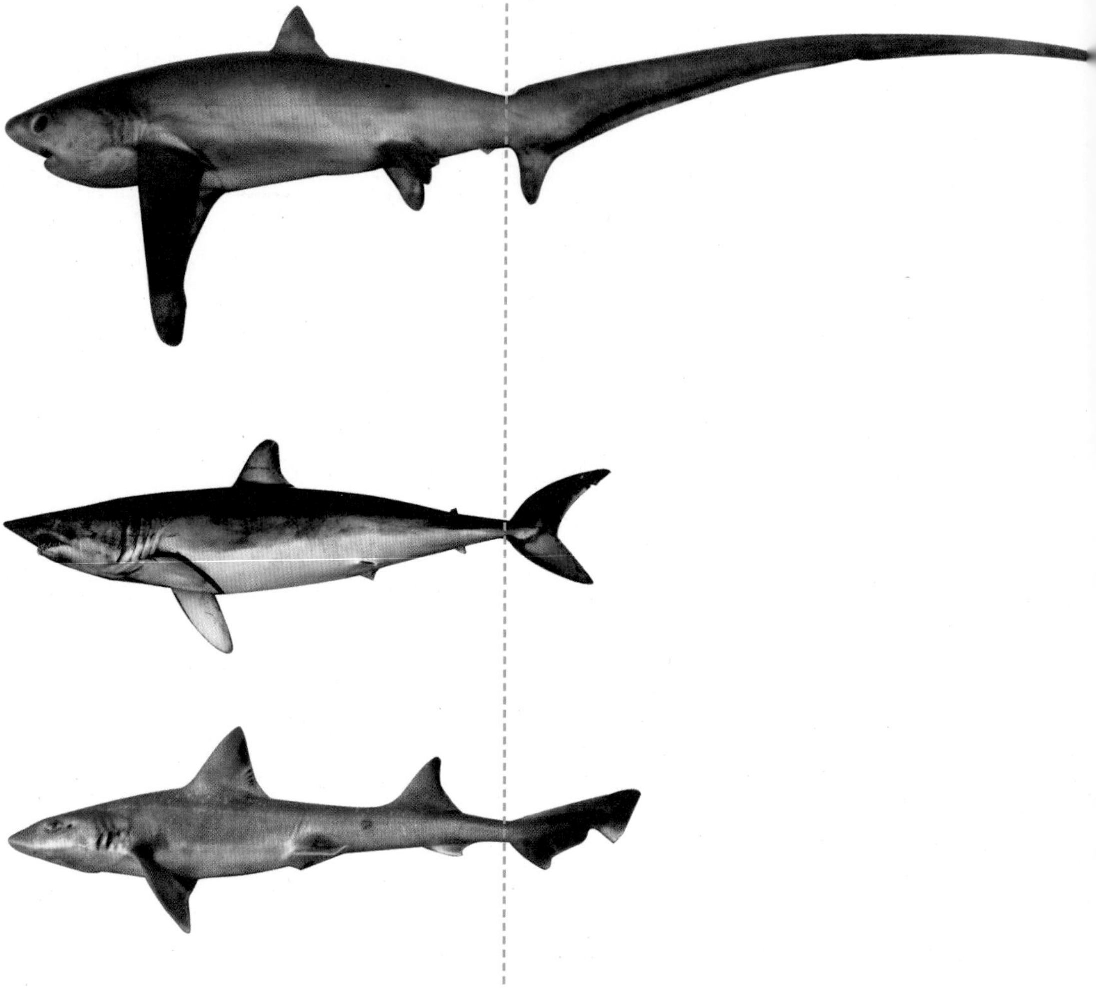

환도상어는 다른 상어에 비해 꼬리지느러미가 유독 길다.
(위부터) 환도상어, 청상아리, 별상어(점선은 꼬리지느러미가 시작되는 부분).

위아래가 다른 상어의 꼬리지느러미

꼬리지느러미 주된 역할은 프로펠러와 같다. 상어는 꼬리지느러미를 왼쪽 오른쪽으로 흔들어 물을 뒤쪽으로 밀어내면서 앞으로 나아간다. 경골어류 꼬리지느러미는 위아래 모양이 같다. 이러한 꼬

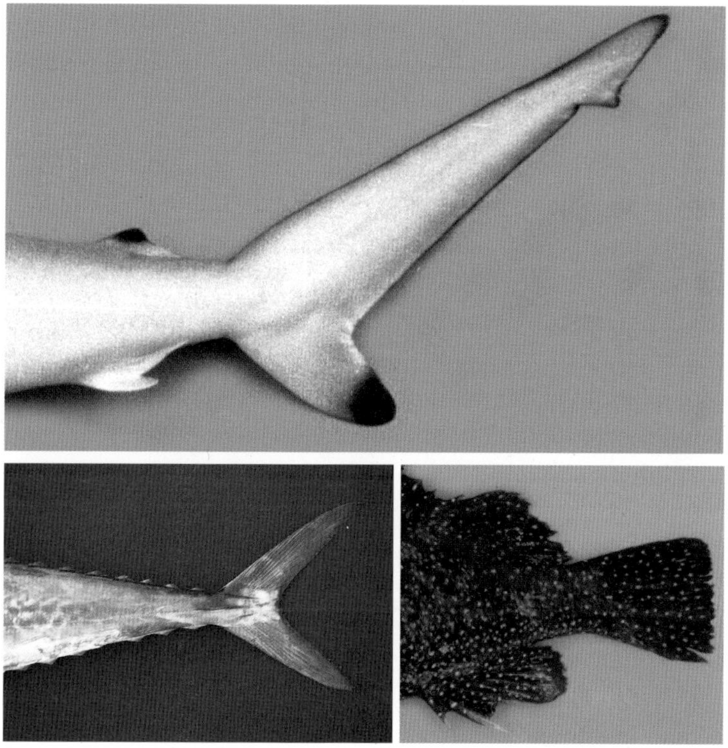

(위부터 시계 방향으로) 검은꼬리상어(흉상어과), 바리과 어류, 삼치. 상어의 꼬리지느러미는 위아래가 다르다.

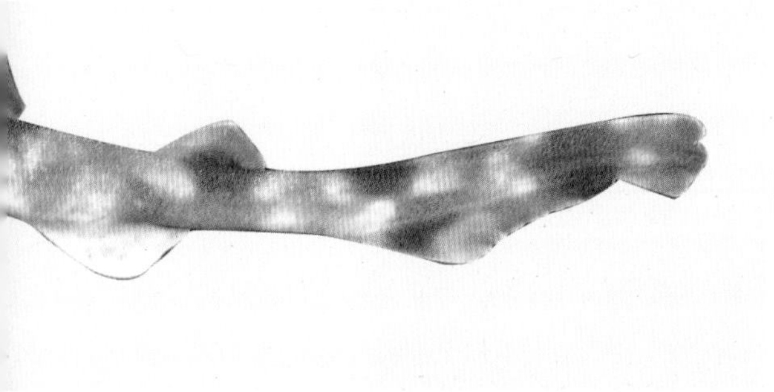

상어 꼬리지느러미는 사는 곳에 따라 각양각색이다. (위부터 시계 방향으로) 흰배환도상어, 청상아리, 별상어, 수염상어, 두툽상어류, 칠성상어.

리지느러미를 흔들면 물이 뒤쪽으로 밀려가고, 몸은 반듯하게 앞으로 나아간다. 이것은 누구라도 상상할 수 있는 일이다. 하지만 상어의 꼬리지느러미는 위아래 모양과 크기가 매우 다르다. 위쪽이 길고 아래쪽은 짧으며, 위쪽은 등뼈와 이어져 있는 반면 아래쪽은 뼈가 없거나 설사 있더라도 아주 작다. 이렇듯이 위아래 크기와 모양뿐 아니라 견고함도 서로 달라 나아가는 방향을 예측하는 게 조금 복잡해진다.

상어는 똑바로 나아가려면 꼬리지느러미는 물론 가슴지느러미도 적절히 조정해야 한다. 이처럼 때와 상황에 따라 꼬리지느러미 움직임이 다양하다. 경골어류에 비하면 움직임이 상당히 복잡한 것이다. 그러나 각양각색 상어의 꼬리지느러미 운동에 대해서는 아직까지도 명확히 밝혀지지 않았다.

꼬리지느러미 형태

상어의 꼬리지느러미는 살고 있는 장소와 생활 방식에 따라 다르다. 따라서 꼬리지느러미 모양을 보면 어디에 사는지, 어떠한 생활을 하고 있는지를 어느 정도 짐작할 수 있다. 예를 들어 바다 밑바닥 가까이에서 천천히 헤엄치는 흉상어류의 꼬리지느러미는 몸의 뒤쪽으로 길게 이어지는 리본 모양이다. 산호초나 해안 가까이에서 헤엄치며 돌아다니는 것은 위쪽은 길고 아래쪽은 짧은 전형적인 상하 비대칭이다. 난바다에서 빠르게 헤엄치는 상어는 아래쪽 지느러미도 길어져 전체적으로 거의 위아래 대칭에 가까운 초승달 모양이다. 백상아리와 청상아리, 악상어가 이러한 꼬리지느러미를 가지고 있다. 바다 밑바닥에서 생활하면서 모래 속에 숨는다든지 하는 가오리 모양의 상어 꼬리지느러미는 위쪽보다도 아래쪽 지느러미가 오히려 더 크다. 이 중 뭐니 뭐니 해도 색다른 것은 환도상어의 꼬리지느러미다.

환도상어의 꼬리지느러미

환도상어는 몸의 절반이 꼬리지느러미일 정도로 꼬리지느러미가 길다. 그리고 꼬리지느러미 아래쪽이 너무 짧아 꼬리지느러미의 위아래 균형이 전혀 맞지 않는다.

악상어와 돌묵상어는 환도상어와 가까운 친척뻘이지만, 꼬리지느러미 형태는 초승달 모양으로 환도상어와 전혀 다르다. 왜 그럴까?

'악상어와 돌묵상어를 비롯한 다른 상어의 꼬리지느러미 크기는

환도상어의 꼬리지느러미. 몸길이의 반이 넘는 길이다.

몸의 5분의 1 정도다. 헤엄쳐 나가는 데 그 정도면 보통 충분하다는 뜻이다.'

'하지만 환도상어의 꼬리지느러미는 몸의 절반이나 되는데?'

'그렇다면 환도상어의 긴 꼬리지느러미는 필요 없는 것이네?'

'아니야, 멋진 꼬리지느러미이니 불필요하다고 말할 것까지는 없을걸!'

'그럼, 보통 상어의 꼬리지느러미보다 2배나 3배 정도 크니까 헤엄치는 속도가 무지하게 빠른가?'

'아니, 그렇지는 않은 것 같아, 상어 가운데 가장 빠른 것은 청상아리라고 하던데?'

'그럼, 무엇 때문에 그렇게 길지?'

환도상어는 좀처럼 상상할 수 없는 독특한 생활을 하고 있는 것이 틀림없다!

꼬리지느러미로 먹는다?

낚싯줄에 걸린 물고기는 입이 낚싯바늘에 걸려서 올라오는 것이 정상적인 모습이다. 물고기가 먹이를 물었을 때 줄을 잡아당기는 것이니 당연하다. 그런데 환도상어는 꼬리지느러미가 낚싯바늘에 걸린다. '그런 말도 안 되는…, 그럼 환도상어는 꼬리지느러미로 먹이를 먹는다는 거야?'

전갱이, 정어리 들을 채낚기 등의 방법으로 낚으면 드물게 바늘이 배나 등 쪽에 걸려 있는 경우가 있다. 이 물고기들이 꼬리지느러미에 걸려 나오는 비율은 50마리 중에 고작 한 마리 정도다. 그러나 환도상어는 대부분 바늘이 꼬리지느러미에 걸려 있다. 어떤 조사에서는 90퍼센트 이상이었다고 한다. 환도상어 50마리를 잡았을 때, 그중 45마리 꼬리지느러미에 낚싯바늘이 걸렸다는 말이다.

한 마리와 45마리, 그 차이는 너무나 크다. 전갱이와 정어리 꼬리 부분이 낚시에 걸리는 것은 바늘 근처를 지나가다가 우연히 일어난 일이지만, 환도상어의 경우는 그러기에 비율이 너무 높다. 그 정도라면 '환도상어는 꼬리지느러미로 먹는다'고 해도 틀린 말은 아닐 듯싶다. 환도상어는 긴 꼬리로 먹이를 쳐 기절시킨 뒤 먹는 것으로 알려져 있다.

환도상어잡이 배에 타다

환도상어 낚시를 직접 보고 싶어서 어선에 올랐다. 항구에 어둠이 채 가시기 전에 출발하여 2시간여 뒤 어장에 도착했다. 곧바로 25센티미터 정도의 고등어를 미끼로 끼운 주낙(길이 20킬로미터 정도의 로프에 일정 간격으로 몇 개의 낚싯바늘을 붙인 어구)을 계속해서 내렸다.

1시간 정도 지나 주낙을 감아올렸다. 환도상어는 없었고, 청새

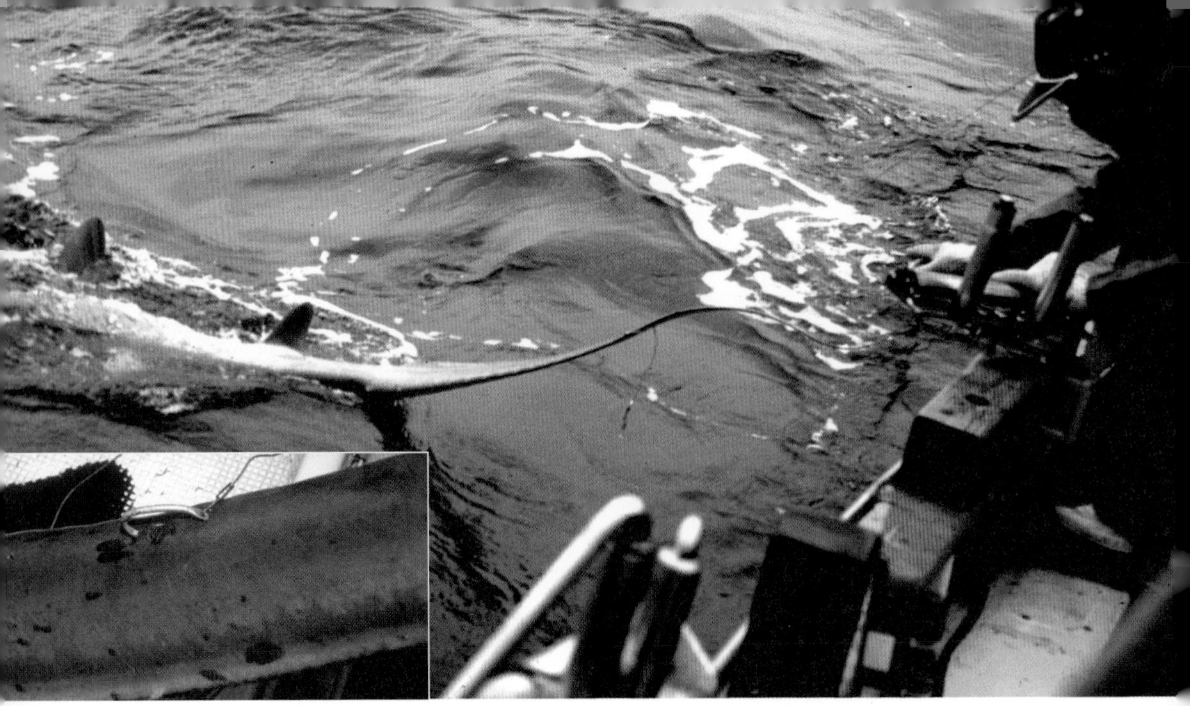

환도상어는 입이 아니라 꼬리지느러미에 낚싯바늘이 걸려 있다. 작은 사진은 낚싯바늘이 관통한 꼬리지느러미.

리상어만 몇 마리 잡혔다. 바늘은 정확하게 청새리상어 입에 걸려 있었다. 그런데 수면 아래서 무언가가 더 끌려 올라왔다. 환도상어였다! 가까이 가서 보니 굵은 참치용 낚싯바늘이 환도상어 꼬리지느러미 가운데를 관통하고 있었다.

환도상어 꼬리지느러미는 작은 비늘로 빽빽하게 덮여 있는 매우 두꺼운 피부로 되어 있고, 그 안쪽에는 근육과 뼈가 있다. 그 모양은 강하고 휘청휘청한 강철과도 같다. 닳은 낚싯바늘로 뚫릴 수 있는 약한 지느러미가 아니다.

이처럼 튼튼한 꼬리지느러미를 낚싯바늘이 꿰뚫으려면 바늘과 꼬리지느러미가 꽤 강하게 부딪쳐야 한다. 바늘이 움직일 이유가 없으니 결국 환도상어가 꼬리지느러미로 바늘을 세게 쳤다는 말이다. 왜냐면 바늘에는 미끼가 끼워져 있기 때문이다. 이러한 사실로 미루어 보아 '환도상어는 반드시 먹이를 꼬리지느러미로 친 뒤 먹는 습성이 있다'고 추리할 수 있다.

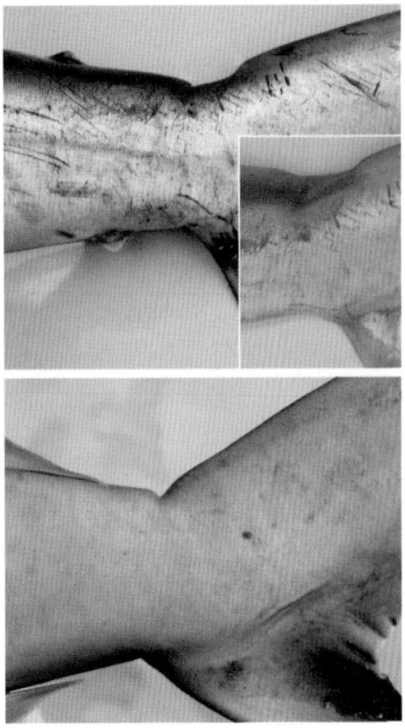
환도상어(위)와 흉상어(아래)의 기부 모양.

'튼튼한' 꼬리지느러미 기부

환도상어의 꼬리지느러미 기부는 두껍고 단단하다. 다른 상어들은 기부가 가는 데 반해 환도상어 기부는 두텁다.

환도상어는 기부 근육이 튼튼하다. 이 근육은 꼬리지느러미를 왼쪽 오른쪽으로 흔드는 등 여러 방향으로 조절할 때 사용된다. 환도상어가 꼬리지느러미를 조절하는 능력이 탁월한 것도 이 근육 때문이다.

환도상어의 꼬리지느러미 기부가 다른 상어와 또 다른 점은 기부 위쪽이 잘록하게 들어가 있다는 것이다. 그 부분이 흉상어류는 V자인 데 반해 환도상어는 凹 모양이다. 대체 왜 이렇게 파인 걸까?

이해를 돕기 위해 하나 더 설명하겠다. 사람 손목을 위쪽으로 구부리면 구부러진 곳의 피부가 모여 주름이 생긴다. 사람 피부는 부드러워서 이렇게 되는 것이다. 그러나 방패비늘로 덮인 상어 피부는 단단해서 사람 손목처럼 구부릴 수 없다. 이 문제를 해결하기 위해서 상어 꼬리지느러미 기부에 V자 모양의 굴곡이 생긴 것이다. 어떤 종은 기부 위아래에 이러한 굴곡이 있다.

환도상어의 꼬리지느러미 기부에도 이러한 굴곡이 있다. 그것도 다른 상어에 비해 상당히 깊다. 그래서 환도상어는 다른 상어들보다 더 큰 폭으로 꼬리지느러미를 움직일 수 있다. 특히 위로도 자유롭게 구부려져 꼬리지느러미를 있는 힘껏 들어 올려 먹이를 칠 수 있는 것이다.

환도상어 낚시

내가 탄 어선에서는 좀 다른 어구를 사용하고 있었다. 물고기 한 마리를 낚기 위해서는 낚싯바늘 하나만 사용하는데 그 배에서는 2개나 썼다. 하나로는 환도상어가 걸리기 어렵다는 뜻이다.

환도상어 낚시에서는 몽치다래 한 마리를 통째로 미끼로 쓴다. 바늘 하나는 미끼 입에, 다른 하나는 뒷지느러미 부근의 배 쪽에 끼운다.

낚싯바늘을 바다에 던진 후 수면 아래 수백 미터에서 일어나는 일, 즉 환도상어가 먹이 먹는 모습을 본 사람은 아무도 없다. 그러

환도상어가 낚이는 과정(가메이 도모유키 그림).

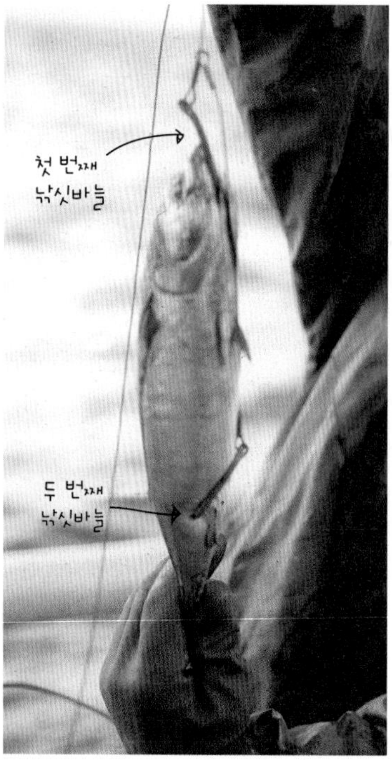

환도상어 낚시에선 낚싯바늘이 2개나 쓰인다.

나 몸의 구조를 생각해 볼 때, 다음과 같은 일이 벌어지지는 않을까?

환도상어가 먹이를 찾아 천천히 헤엄치고 있다. 옅은 비린내, 피 냄새를 따라가면 눈앞에 물고기가 보이기 시작한다. 환도상어가 좋아하는 몽치다래다. 일단 몽치다래를 지나쳤다가 돌아오기를 여러 번 반복한다. 좋아하는 먹이임을 확인한 뒤 아래쪽에서 비스듬히 몽치다래에게 다가간다. 환도상어는 눈이 머리 약간 위쪽에 있어서 몽치다래 위치와 거리를 재는 것이 그다지 어렵지 않다.

이제 몸 뒷부분을 몽치다래 쪽으로 깊이 구부리고 그와 동시에 기부의 두꺼운 근육을 사용해 꼬리지느러미를 비스듬하게 들어 올린다. 꼬리지느러미를 채찍처럼 휘둘러 몽치다래 배에 명중시킨다. 이윽고 몽치다래 내장이 튀어나온다.

이렇게 몇 번 반복하는 사이 꼬리지느러미가 몽치다래 배 속에 숨겨진 두 번째 낚싯바늘에 걸린다. 환도상어는 아무렇지 않은 듯 그대로 헤엄치지만, 낚싯바늘은 이미 환도상어의 꼬리지느러미를 관통한 후다.

사람 목을 치다?

낚인 환도상어의 꼬리지느러미를 보면 대부분이 미끼 배 쪽에 숨겨 둔 두 번째 바늘이 걸려 있다. 미끼 입에 있던 첫 번째 바늘에 걸린 경우는 전혀 없었다고 한다. 이것으로 환도상어가 꽤나 정확하게 미끼의 배를 친다는 사실을 알 수 있다. 또한 낚싯바늘은 거의 모두 꼬리지느러미 중앙을 꿰뚫고 있는데 이는 환도상어가 정해진 부분으로 친다는 사실을 말해 준다.

환도상어가 꼬리지느러미로 먹이를 친다는 보고가 많다. 바닷새를 꼬리지느러미로 쳐 죽인 후 먹는 것을 실제로 본 사람도 있고 꼬리지느러미를 한 번 휘두름으로써 어부 목이 잘렸다는 더 끔찍한 얘기도 있다. 그러나 이것은 상어에게 종종 있는 일을 좀 과장한 것임에 틀림없다. 아무리 환도상어의 꼬리지느러미가 강력해도 사람 목을 자를 수는 없다.

분명한 건 환도상어에게 꼬리지느러미는 아주 중요한 사냥 도구이며, 이것이 없었다면 먹이를 충분히 얻지 못했으리라는 것이다.

:: 머리가 독특한

귀상어

지구상에 있는 2만 4천여 종 물고기 중 상어는 400종 정도. 그런데 그중 가장 이상하게 생긴 녀석이 귀상어다. 귀상어는 머리 모양이 매우 기이하다. 전 세계에 7종이 있는데, 한국에는 귀상어와 홍살귀상어 2종류가 서식한다. 머리가 망치 모양이라서 영어로는 'Hammerhead shark'라고 한다. 한국에서는 머리 부분이 귀처럼 양쪽으로 나뉘어져 귀상어라고 부른다.

귀상어 머리는 왜 그렇게 생겼을까? 이유를 한번 생각해 보자.

귀상어 머리는 앞쪽 절반은 납작하고, 코와 눈 있는 부분만 좌우로 판자 모양으로 튀어나와 있다. 앞쪽을 향하고 있는 코는 돌출부 끝부분에 있고, 그 옆에 있는 눈은 바깥쪽으로 향하고 있다.

귀상어 몸을 위에서 보면 전체적으로 T자형이다.

세계의 귀상어류

세계의 귀상어 중에서 한국에 있는 귀상어류의 돌출부 크기는 중간 정도다. 이러한 귀상어를 지금부터 '망치귀상어'라고 부르자. 망치귀상어는 전 세계에 분포한다. 아메리카 연안과 인도양에만 사는 귀상어 종류도 있다. 아메리카 연안의 귀상어는 4종으로, '스쿠프헤드(scoopehead)'라고 한다. 한국명은 없지만 '삽 모양의 머리'라는 뜻이다. 그러므로 '삽귀상어'라고 부르자. 이 상어는 돌출부가 매우 작은 것이 특징이다.

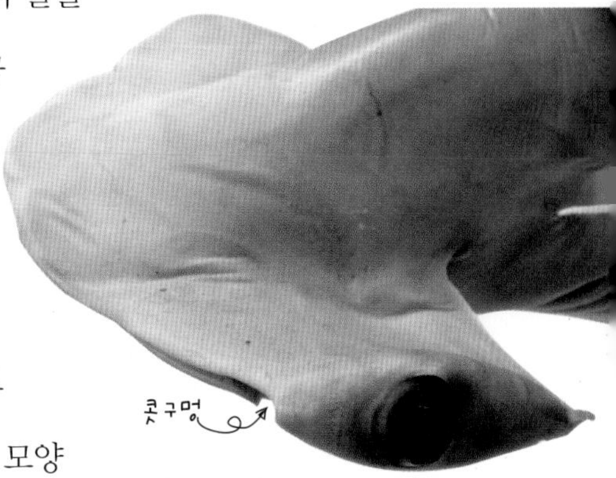

귀상어 머리.

인도양의 귀상어는 돌출부가 섬뜩할 정도로 길어 꼭 괴물 같다. 영어로는 'winghead', 날개 모양의 머리란 의미지만 곡괭이를 누인 것처럼 보이니 '곡괭이귀상어'라고 하자. 이 상어를 보면 '왜 이렇게 생겼을까?' 한참 바라보게 된다. 혹시 창조주가 실수한 건 아닐까 하고 말이다.

다시 한번 정리하면, 세계의 귀상어는 머리의 돌출부에 따라 삽귀상어, 망치귀상어, 곡괭이귀상어 3종류로 나눌 수 있다.

귀상어는 돌출부 크기에 따라 3종류로 나뉜다.
(위부터) 삽귀상어, 망치귀상어, 곡괭이귀상어.

그 '기묘한' 머리가 하는 일

그런데 그 '기묘한' 머리는 대체 어디에 쓰는 것일까? 귀상어는 흉상어와 아주 가까운 친척뻘이다. 그래서 몸의 형태와 지느러미 모양, 위치 등이 흉상어와 매우 비슷하다. 머리 부분을 가리면 어류 전문가도 두 상어를 구분하기 어려울 정도다. 이 정도로 닮았는데 왜 유독 머리만 그렇게 다를까? 머리에 어떤 비밀이 숨겨져 있는 게 틀림없다.

냄새를 맡는다

머리의 첫 번째 역할은 냄새를 맡는 일과 관련이 있다. 상어는 가장 먼저 소리로 멀리 떨어져 있는 먹이를 찾아낸다. 그 다음 먹이의 냄새를 좇는데 냄새는 돌출부 끝 부분에 있는 콧구멍으로 맡는다.

어느 것이 귀상어일까?

몸통 모양이 너무 닮은 귀상어(왼쪽)와 흉상어(오른쪽).

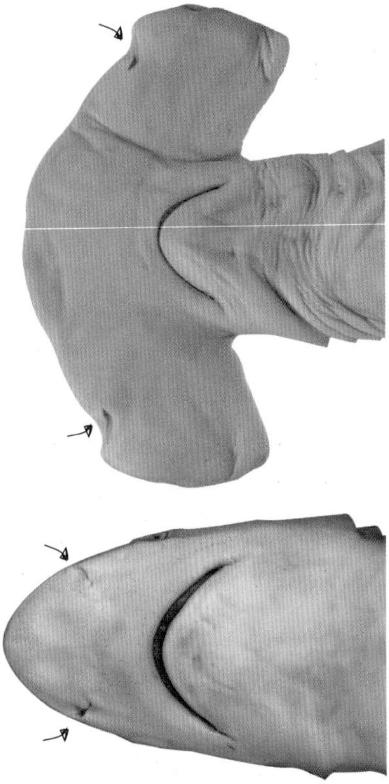

귀상어(위)와 흉상어류(아래)의 콧구멍. 귀상어는 콧구멍 사이가 멀어 냄새를 더 잘 맡는다.

크기가 같은 흉상어와 귀상어의 좌우 콧구멍이 얼마나 떨어져 있는지 조사해 보았다. 흉상어의 좌우 콧구멍 사이를 1로 할 때, 망치귀상어는 3.3, 삽귀상어는 약 3.0, 곡괭이귀상어는 2.7이다. 즉, 귀상어 콧구멍은 흉상어보다 약 3배나 멀리 떨어져 있다.

콧구멍이 떨어져 있으면 어떤 점이 좋을까?

좌우에서 맡는 냄새 강도가 서로 달라 냄새난 곳을 더 정확하게 알 수 있다. 그래서 귀상어는 상어 중에서도 먹이 찾는 능력이 가장 뛰어나다.

사물을 본다

소리와 냄새를 추적하여 먹이에 가까이 간 다음에는 눈으로 먹이가 있는 장소를 정확하게 본다.

귀상어 머리의 두 번째 역할은 이 시각과 관련이 있다. 귀상어 눈은 콧구멍보다 더 끝 쪽에 있다. 그래서 콧구멍과 마찬가지로 좌우 눈 사이의 거리도 흉상어에 비해 상당히 멀다.

맹렬한 속도로 도망치는 먹이를 쫓아가 잡으려면 먹이까지 거리를 정확하게 알아야 한다. 그러기 위해서는 좌우 눈으로 동시에 먹이를 보고 거리를 재야 한다. 귀상어는 좌우 눈 시야 범위가 다른 상어보다도 더 넓어 정확하게 먹이 위치를 파악할 수 있다. 게다가 눈이 돌출부 맨 끝에 있어 주위를 둘러보는 데도 매우 유리하다.

망치처럼 양쪽으로 돌출된 머리는 귀상어만의 훌륭한 도구가 아니겠는가! 그런데 귀상어는 이 머리로 더욱 재치 있는 일을 벌인다.

방향을 잡는다

수영장에서 킥판에 양손을 얹고 발을 첨벙거리다 킥판 끝을 급격히 아래로 누르면 어떻게 될까? 몸이 쑤욱 물속으로 들어갈 것이다. 그만큼 물속에서 킥판은 몸의 방향을 잡는 데 중요한 역할을 한다. 그리고 그것은 킥판이 클수록 더 효과적이다. 돌출부가 귀상어에게는 이러한 킥판이다. 이것이 귀상어 머리의 세 번째 역할이다.

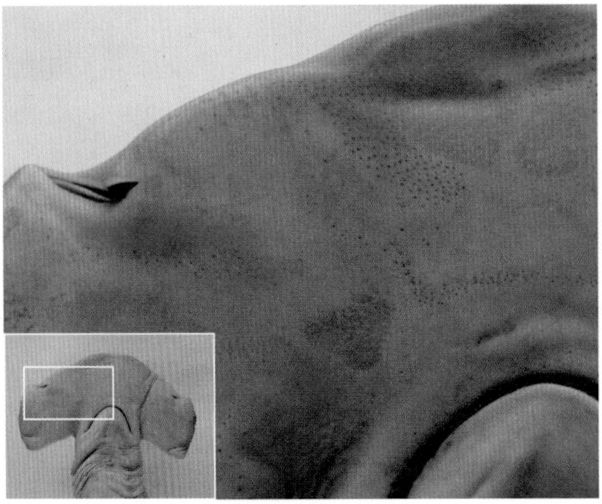

귀상어의 로렌치니병. 보통 상어보다 아래쪽에 더 많아 숨겨진 먹이까지 찾아낼 수 있다.

바닥에 숨어 있는 먹이를 찾아낸다

귀상어 머리의 네 번째 역할은 특수한 감각을 더 발달시킨다는 것이다. 상어와 가오리 머리에는 '로렌치니병'이라는 특수한 감각기관이 있다. '로렌치니병'에 대해서는 뒤에서 다시 설명할 건데, 상어와 가오리류는 이 기관을 이용해서 자력선을 감지할 수 있다. 이 기관은 시각, 청각 같은 오감과 전혀 다른 것을 느끼므로, 제6감이라고 부른다. 귀상어는 다른 상어에 비해 제6감이 매우 민감하다.

살아 있는 동물의 몸에서는 약하게라도 자력선이 나오므로 모래 속에 숨어 있는 물고기처럼 보이지 않는 먹이를 찾을 때 제6감에 의존한다. 실제로 귀상어는 금속탐지기같이 머리를 좌우로 움직여 모래나 구멍 속에 들어가 있는 물고기를 쉽게 잡는다. 이것은 다른 상어에게는 거의 불가능한 재주다.

앞에서 말한 것처럼 귀상어 머리는 보통 상어에 비해 2~4배 좌우로 튀어나와 있다. 그렇기 때문에 머리 면적도 더 넓다. 거기에다 다른 상어는 머리 위아래 로렌치니병 수가 같지만 귀상어는 아

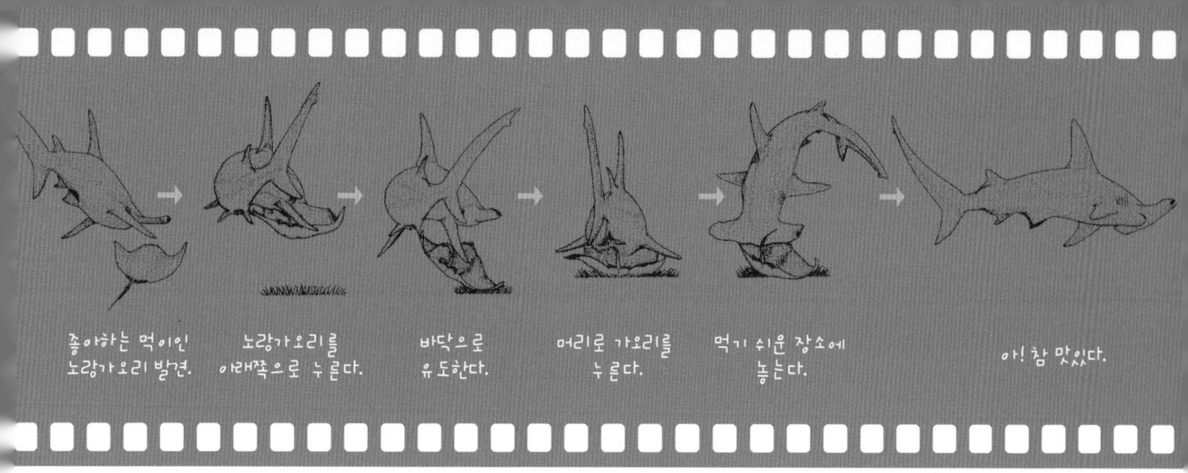

귀상어가 노랑가오리를 잡아먹는 과정(Strong 외, 1990).

래쪽이 더 많아 모래 속에 숨어 있는 먹이를 찾아내는 데 안성맞춤이다. 귀상어 제6감이 다른 상어보다 더 뛰어난 것은 '삽'이나 '망치', '곡괭이' 모양을 한 머리 덕분인 것이다.

먹이를 누른다

최근 밝혀진 머리의 다섯 번째 역할은 먹이를 잡아먹는 도구로 사용된다는 것이다. 망치귀상어가 좋아하는 먹이 가운데 하나가 노랑가오리다.

헤엄치고 있는 노랑가오리를 발견하면, 망치귀상어는 넓적한 머리로 가오리를 찍어 누른다. 몇 번 그러다 마지막에는 바닥에 딱 붙인 뒤 덥석 문다.

먹이 잡는 데 머리도 사용하리라 생각은 했지만, 머리를 손처럼 쓸 줄은 미처 몰랐다. 이러한 것도 위아래, 왼쪽 오른쪽으로 잘 움직일 수 있는 훌륭한 머리를 갖고 있기에 가능하지 않았을까? 다른 상어들이 부러워할 만한 머리 구조다. 하지만 귀상어 머리는 다른 물고기들이 가지지 못한 귀상어의 전매특허다.

머리 돌출부의 정체는?

실제로 머리가 키 역할을 하는지 돌출부를 조사해 보자. 먼저 귀상어 친척인 흉상어를 살펴보자. 흉상어는 보통 상어와 머리 모양이 같다. 양쪽으로 돌출된 부분이 전혀 없기 때문에 '돌출부'는 제로(0)다. 이를 기준으로 삽귀상어 돌출부를 재어 보면 1.0~1.4였다. 다시 말하면 삽귀상어 머리 폭은 적어도 몸통 폭과 같거나 몸통 폭의 1.4배에 달한다는 뜻이다. 망치귀상어는 1.2~2.0, 곡괭이귀상어는 3.6이었다. 곡괭이귀상어 머리는 몸의 폭 4배 가까이나 옆으로 돌출되어 있는 셈이다.

돌출부가 키 역할을 할 가능성이 커졌다. 그러나 나는 물리학이나 역학에 대해서는 잘 모르므로 귀상어를 들고 항공역학을 연구하는 분을 찾아갔다. 그분은 귀상어 머리를 보면서 매우 신기해 했다. "(머리 돌출부가)비행기 날개와 정말로 똑같군요!" 귀상어 머리 돌출부가 비행기에 견줄 만큼 훌륭한 구조라는 것이다. 그러나 그는 곧 "비행기는 키가 앞에 있으면, 키가 너무 잘 들어 균형을 잡기 어렵지요." 한마디 덧붙였다.

그런데 애석하게도 귀상어 돌출부는 몸의 맨 앞쪽에 있다. 그분 말대로 키가 앞에 있어서 너무 잘 든다면 머리의 돌출부를 키로 사용하지 않는 방법은 없을까? 그렇지만 키를 움직이지 않을 경우에는 키로서 역할을 할 수 없다. 그래서 흉상어를 해부해서 귀상어 돌출부 구조를 조사해 보기로 했다.

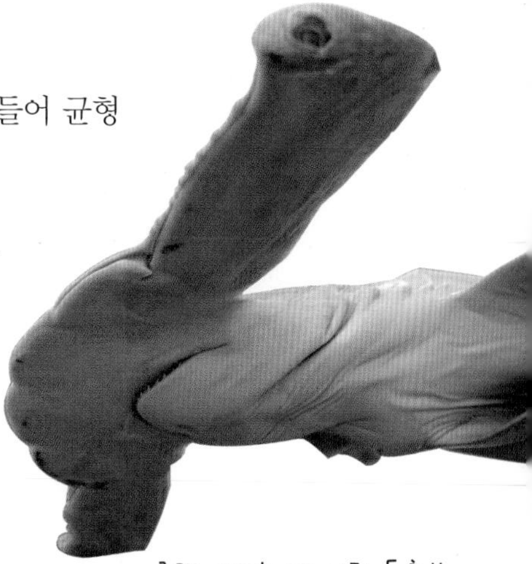

곡괭이귀상어의 머리 돌출부.

머리 해부

다른 물고기나 포유류와 달리 상어의 두개골은 연골 덩어리로, 그 구조는 매우 단순하다. 귀상어 두개골은 코와 눈 부분이 바깥쪽으로 크게 돌출되어 있지만, 기본적으로는 흉상어 두개골과 같다.

등뼈 위와 옆 근육은 귀상어와 흉상어 모두 같았지만, 아래 근육은 크게 달랐다. 흉상어는 근육이 거의 없는 데 반해 귀상어는 근육이 잘 발달되어 있었다.

등뼈 위아래에 있는 근육 모양을 근거로 다음과 같이 추측해 보았다.

귀상어와 흉상어는 같은 높이로 머리를 들어 올릴 수는 있다. 하지만 흉상어는 머리를 아래로 거의 구부릴 수 없는 반면 귀상어는 많이 구부릴 수 있다.

그렇지만 이와 같이 될지 안 될지는 아직 모르기 때문에 실험해 봐야 한다. 이 실험에 쓸 적당한 크기의 흉상어와 귀상어를 낚기 위해 도쿄보다 훨씬 남쪽에 있는 오가사와라[小笠原諸島]제도에 갔다.

머리를 구부릴까?

오가사와라에서 며칠 동안 끈질기게 낚시해서 귀상어와 흉상어 몇 마리를 잡았다. 그중 건강한 상어를 마취시켜 여러 가지 근육에 전기충격을 주는 실험을 했다. 근육을 수축시켜 머리의 움직임을 보

귀상어는 다른 상어보다 더 많이 위아래로 머리를 움직일 수 있다(점선은 정지 상태).

려고 했던 것이다. 실험 결과는 다음과 같았다.

예측대로 홍상어는 30도 가까이 머리를 들어 올릴 수는 있었지만 아래로는 전혀 구부릴 수 없었다. 반면 귀상어는 30도 이상 머리를 들어 올리고 아래로도 적어도 15도 정도 구부릴 수 있었다. 전체적으로 귀상어는 머리를 위아래로 45도 이상 움직일 수 있었으니, 이것은 예상을 뛰어넘는 결과였다. 아마 왼쪽과 오른쪽 근육을 나누어 사용하면 머리를 비스듬하게 기울일 수도 있을 것이다. 이로써 귀상어가 머리를 키로 사용할 가능성이 상당히 높아졌다. 이번에는 정말 그런지 확인해 보기로 했다.

멋진 수영 솜씨

수조에서 헤엄치는 귀상어를 오랫동안 주시했더니 귀상어가 머리 각도를 미세하게 바꾸면서 진행 방향을 조절하는 게 아닌가! 벽을 향해 똑바로 나아가다가도 부딪히기 일보 직전에 갑자기 방향을 틀어 살짝 충돌을 피했다. 수조 바닥에 있는 먹이를 먹을 때도 급강하해 덮쳤다. 홍상어에서는 볼 수 없는 특별한 재주를 가진 것이다.

큰 원형 수조에서 작은 귀상어가 헤엄치는 것을 보고 있을 때였다. 무엇인가에 놀랐는지 귀상어가 갑자기 빠른 속도로 헤엄치기 시작했다. 수조 가장자리를 따라 수면 가까이에서 헤엄치고 있었기 때문에 금방이라도 수조 밖으로 튀어나올 것 같았다. 그러나 충돌 직전에 급강하, 급상승, 급선회 등 눈앞에서 갖가지 훌륭한 묘기를 보여 주었다. 지금껏 귀상어만큼 멋지게 헤엄치는 상어는 보지 못했다.

귀상어가 그렇게 민첩하게 헤엄치는 것은 조절 능력이 뛰어난 키가 있기 때문이다. 귀상어 머리는 매우 강력한 키로, 생활에서 없어서는 안 될 비밀 병기인 셈이다.

:: 이름 없는(?) 상어

주걱상어

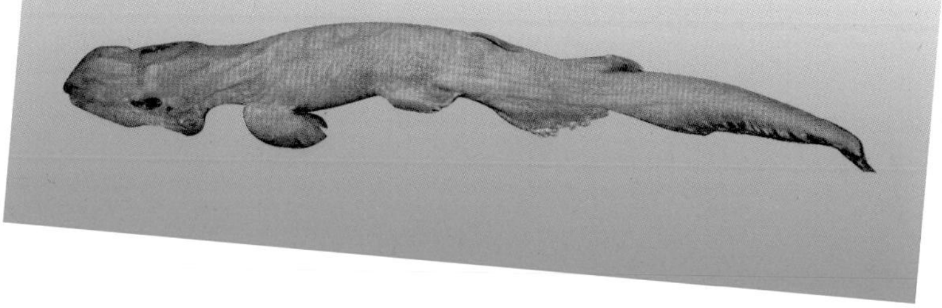

내 전공은 자세히 말하면 '어류 계통분류학'이다. 가끔 아프리카에 있는 호수에 물고기를 조사하러 가기도 하지만, 그곳에는 상어가 없으니 그것은 아르바이트일 뿐이다. 물론 내 본래 직업은 상어 연구가다. 나는 상어에 관한 여러 가지 일에 흥미가 많은데, 그중 하나가 주걱상어(*Apristurus platyhynchus*)라는 심해 상어를 분류하는 것이다. 이 일은 최근까지 15년 동안 끊임없이 계속 연구하고 있다. '분류학? 그게 뭐야? 그건 구시대 학문이야!' 어디선가 이런 소리가 들려오는 듯하고, 요즈음 실제로 그렇게 생각하는 사람들도 있다.

상어는 거의 분류되어 있다고 생각하는 사람이 많은 것 같지만 그렇지 않다. 예를 들어 보자. 이 책에 나온 '메가마우스상어'는 몸길이 5미터로 육상 동물로 말하면 코끼리만 한 크기지만, 30년 전만 해도 이런 이상한 상어가 바다에 살고 있으리라고는 어느 누구도 생각하지 못했었다. 메가마우스상어가 정확하게 분류된 것은 1983년이다. 아직도 상어의 분류에 대해서 모르는 것이 너무나 많다.

주걱상어와 씨름하다

주걱상어는 수심 500미터에서 2,000미터 정도에 사는 심해 상어로 전 세계에 분포하고 있다. 다 자라도 고작 80센티미터이고, 해저의 진흙 속에 사는 무척추동물을 먹는 온순한 상어다. 머리가 구둣주걱처럼 생겨 '주걱상어'라는 이름이 붙었다.

주걱상어는 상어치고는 꽤나 귀엽다. 그러나 동료와 학생들은 '쥐어짜인 행주', '쭈글쭈글한 단무지'라면서 바보 취급하기 일쑤다. 속으로는 적절한 표현이라고 생각하면서도 "행주니 단무지라니? 예의 없게시리!" 하며 괜스레 꾸짖는다.

주걱상어는 상어 중에서도 가장 분류하기 어려운데 몸이 부드러워 체형이 변하기 쉬운 것이 큰 이유다. 그래서 세계 어느 누구도 이름을 정확하게 붙여 주지 못하고 있는데,

주걱상어는 몸 형태가 고정돼 있지 않아 분류하기가 어렵다.

분류학과 거짓 논문

개인마다 이름이 있다. 일란성 쌍둥이라도 이름은 다르다. 생물에게도 '학명'이라는 이름이 있어서 생물의 모든 '종(種)'에 학명이 붙는다. 우리는 배우지 않아도 사람이라는 '종'이 어떠한지 알고 있다. 그래서 '저것은 원숭이, 이것은 사람'이라고 간단하게 구별한다. 다른 동물은 어떨까? 그들도 똑같이 '이것은 우리와 같은 종류, 저것은 다른 종류'라고 '종'을 구분할 것이다. 그러나 동물들 세계에서 이루어지는 구분을 사람은 알지 못한다.

종을 알지 못하면 이름을 붙일 수 없다. 그런데 종과 이름을 분명히 하지 않으면 아무것도 이해할 수가 없다. 그래서 어디에서 어디까지가 같은 종(예를 들어 사람)인지 명확하게 구분 짓는 작업이 필요하다. 이것이 분류학이라는 학문이 하는 일이다. 분류학은 조금 어렵게 말하면 '종의 경계를 정하는 일'이다. '종'이 분명해지면 이름(학명)을 붙일 수 있다.

A라는 동물이 있다고 치자. 그런데 어떤 사람이 그것을 B로 잘못 분류했다. 그러면 그 사람이 쓴 논문은 당연히 B에 대해서 보고한 것이 된다. 이름이 잘못되어 그 결과가 거짓이더라도 나중에 본인이 틀렸다는 것을 알아차리고 고치지 않는 한 이 논문은 언제까지나 진실처럼 존재한다.

아무려면 그런 일이 있을까 싶지만 이런 일이 의외로 많다. 이러한 일이 잦아지면 분류학이라는 학문 세계뿐만 아니라 생물학 전체가 혼란스러워진다. 분류학은 이처럼 중요하다.

나도 주걱상어와 매일 씨름하고 있지만 좀처럼 해결의 실마리를 찾을 수가 없다.

혼란 속의 역사

1970년경까지 세계에 알려진 주걱상어는 18종뿐이었다. 그 후 각지의 심해 상어가 활발하게 조사되고, 나 역시 주걱상어 분류에 본격적으로 뛰어들면서 1988년까지 신종 19종이 추가되었다. 1990년대에 들어서는 오스트레일리아와 뉴질랜드 해역에서도 13종이 새로 발견되었는데, 이 중 이름을 알 수 있는 것은 단 한 종이었다. 12종은 학명을 붙일 수가 없었다. 1980년대 후반부터 종 수가 급작스레 늘어나 구별이 어려워져, 오스트레일리아와 뉴질랜드 상어 연구가들에게 아무런 도움도 줄 수가 없었다. 신종이 계속 발표되어 마침내 49종이나 되었지만 주걱상어 분류는 여전히 혼란스러웠다.

하지만 주걱상어는 내가 전문적으로 연구하는 상어라 모른다고 해서 끝나 버릴 문제가 아니었다. 세계 각지의 동료 연구가들에게 연락해서 얻은 표본을 하나하나 조사하기로 했다.

주걱상어가 심해 상어라는 사실은 앞에서도 말했다. 망둑어를 비롯해 얕은 바다에 사는 물고기는 세계적으로 2000종이 넘는다.

그러나 심해 물고기나 주걱상어 크기의 상어는 세계에 널리 분포하더라도 종 수는 별로 많지 않다. 이렇게 볼 때 주걱상어가 49종이란 것은 다른 심해 상어와 비교해 보면 좀 많은 듯하다.

천 리 길도 한 걸음부터. 주걱상어 하나하나를 자세하게 조사해야 하지만 전체를 아울러 바라볼 필요도 있다. 이 두 가지를 염두에 두고 주걱상어 분류 작업에 뛰어들었다.

작업 준비

전쟁(?)을 시작하려면 치밀한 준비와 정보 수집이 필요하다. 신종을 발표할 때는 연구에 쓰인 한 마리를 그 종을 대표하는 표본(모식 표본이라고 함)으로 지정한다. 그리고 연구 기관은 그 모식 표본을 영구적으로 보존한다. 분류를 다시 정리하기 위해서는 알려져 있는 모든 정보를 먼저 손에 넣어야 하는데, 그때 모식 표본만이 유일하게 의지할 수 있는 무기다. 그래서 모식 표본은 특별한 경우가 아니면 빌려 주지 않는다. 특히 상어는 몸체가 커서 우편으로 보내 달라고 부탁할 수도 없다. 그래서 여러 나라에 퍼져 보관되어 있는 모식 표본들을 직접 찾아가서 조사하지 않으면 안 된다. 본의 아니게 세계 일주를 하지 않으면 안 되었던 것이다.

그런데 운이 좋게도 일본의 문부과학성이 비용을 부담해 주기로 했다. 곧바로 미국 워싱턴의 스미스소니언 연구소로 가서 북미의 주걱상어 종류를 조사했다. 그 후 아이슬랜드와 노르웨이, 당시의 동독과 서독, 네덜란드, 덴마크, 영국, 프랑스, 스페인, 포르투갈, 인도, 중국 등 유럽과 아시아 여러 나라를 돌아다니면서 태평양, 대서양, 인도양 등에 서식하는 종류의 모식 표본을 빈틈없이 조사하였다. 숨 돌릴 틈 없는, 10개월에 걸친 연구 일정이었다. 이것으로 진흙탕과 같은 혼란 속에서 싸울 강력한 무기를 손에 넣게 되었다.

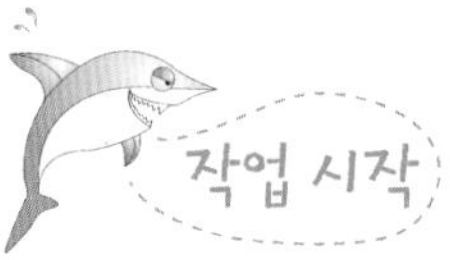

그런데 생각지 못했던 여러 가지 문제가 발생했다. 49종 가운데는 이름만 다를 뿐 형태가 비슷한 것들이 너무 많았다. 예를 들어 1988년경 동중국해, 남중국해에서 주걱상어 신종 10여 종이 계속해서 발견되었는데 이 중 5종류는 형태가 완전히 같아 보였다. 중국 광저우[廣州]와 상하이의 연구소와 대학을 방문해 조사해 보니, 이 5종류는 필리핀 것과 같았다. 즉, 똑같은 상어 종류에 다른 이름을 붙였던 것이다.

다음은 유럽. 대서양에도 형태가 비슷한 주걱상어가 3종이 있다는 것은 예전부터 알고 있었다. 이것을 확인하기 위해서 아이슬랜드와 노르웨이 그리고 포르투갈의 마데이라제도까지 가야만 했다. 가서 조사해 보니, 아아슬랜드 표본과 마데이라제도 표본은 크기도 거의 비슷한 같은 종류의 상어였다.

노르웨이 주걱상어 모식 표본은 새끼여서 간단하게 결론을 낼 수 없었다. 인간이 아기에서 어른이 되기까지 모습이 크게 달라지는 것처럼, 상어도 마찬가지다. 따라서 노르웨이의 새끼상어가 아이슬랜드와 마데이라제도의 어미상어와 비슷하다고 해도 그렇게 간단하게 결론을 내릴 수는 없었다. 이를 해결하려면 새끼에서 어미가 되는 동안의 변화를 조사해야만 한다. 조금 시간은 걸리겠지만 확실한 결론을 내기 위한 가장 좋은 방법이다. 이렇게 하다 보면 이름만 다른 동일한 종들이 정리되어 주걱상어 종 수가 줄어든다.

또 다른 문제는 이미 밝혀진 49종 외 새로운 주걱상어들이 많이 발견된 것이다. 북대서양, 동태평양, 인도양에서도 속속 발견되었는데, 특히 오스트레일리아와 뉴질랜드에서 많이 잡혔다. 이 상어들 표본은 홋카이도대학 수산학부 내 연구실로 모아져 계속 연구되고 있고, 그중 몇 개는 신종으로 발표될 것이다. 이렇게 되면 주걱상어 종 수가 다시 늘어난다.

희망의 빛을 보다

주격상어류를 처음 분류하기 시작했을 때는 어디서부터 손을 대야 할지 막막했었는데 오랫동안 관찰하고 계속 생각했더니 조금씩 길이 보였다. 마음을 가다듬고 내용을 다시 한번 정리했다. 얼마 후 주걱상어를 3~5개 그룹으로 나눌 수 있음을 알게 되었다. 이로써 어지러웠던 주걱상어류를 다소나마 정리할 수 있었고, 주걱상어와 다른 상어의 관계 즉, 전체적인 모습도 보이기 시작했다.

현재 세계의 주걱상어류는 30종류로 정리되어 있지만, 좀 더 조사할 필요가 있다. 대서양이나 태평양에 신종 4~5종류가 더 있다는 사실만 봐도 그렇다. 이들에게는 아직 이름도 붙이지 않았다.

주걱상어류가 몇 종이나 되는지 지금으로서는 알 수 없다. 하지만 희망의 빛이 보인다. 내 연구실에는 이 큰 문제에 도전하려는 젊은 대학원생들이 많다. 그뿐인가. 미국과 오스트레일리아, 남아프리카, 한국에도 이 연구를 응원해 줄 동료 연구가들이 있다. 모두 해결하려면 아직도 멀었지만, 조금만 더 노력해 보자.

:: 잠수함도 물어뜯는

달마상어

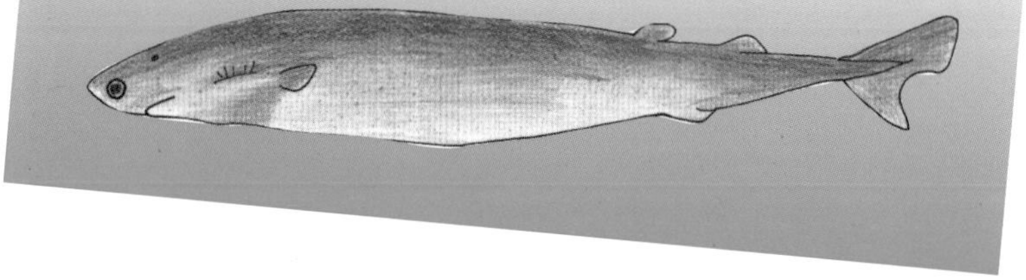

달마상어라고 해서 달마대사를 떠올리면 오산이다. 달마상어는 매우 늘씬하다. 등지느러미와 가슴지느러미가 매우 작아 그 모습이 손발을 움츠리고 있는 달마대사를 연상시켜 그런 이름이 붙은 것 같다. 영어로는 cookie-cutter shark, 즉 '쿠키커터 상어'란 뜻이다. 왜 이런 '이상한' 이름이 붙었을까?

이상한 구멍

북일본의 한 어시장. 이곳에는 그날그날 잡힌 수많은 상어가 모인다. 아침 일찍 가 보면 산처럼 쌓인 청새리상어 더미가 30~40개, 배가 갈라져 피투성이가 된 흉상어가 수십 마리, 그리고 청상아리와 환도상어, 흉상어 등이 빽빽하게 쌓여 있다. 바쁘게 움직이는 사람들 사이를 비집고 다니다 보면 신기한 것을 발견하기도 하고

미야기 현의 게센누마 어시장.

때로는 소박한 의문이 떠오르기도 해, 어시장 구경은 나의 상어 연구에 흥미를 더해 주는 큰 즐거움이다.

언젠가 별다른 목적 없이 물고기 사이를 걷다가 이상한 것을 발견하고는 멈추어 섰다. 눈앞에 있는 황새치 몸에 이상한 구멍이 뚫려 있는 것이었다. 옆에 있는 황새치 쪽으로 눈을 돌려 보니, 같은 구멍이 몇 개나 더 있다. 구멍 크기는 탁구공 정도이고 모양은 동그랗거나 타원형으로, 마치 아이스크림을 스푼으로 퍼낸 후 생긴 자국 같았다. 구멍의 상처는 아직 생생했다. 그 옆에 있는 황새치는 아가미뚜껑에 구멍이 있었다. 주위를 둘러보니 꽤 많은 황새치에 이러한 구멍이 나 있었다.

시장 사람에게 이 구멍에 대해서 물어보았다. 고기 육질을 보기 위해 파낸 것이라고 하였다. 하지만 구멍이 여러 개이거나 전혀 없는 것도 있어 아무리 생각해도 이상했다. 육질을 알아본다고 물고기 한 마리에 저토록 구멍을 많이 낼 필요가 있는가? 또 다른 사람에게 물어보았더니, 칠성장어가 뜯어 먹은 흔적이라고 했다. 칠성장어가 왜 하필 아가미뚜껑을 뜯어 먹을까?

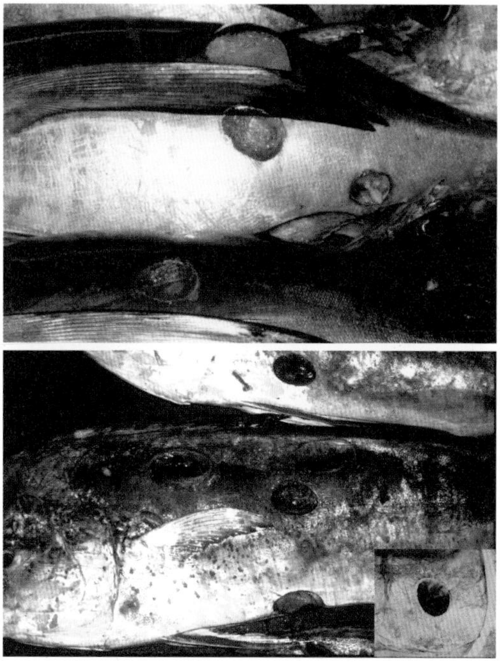

이 '이상한' 구멍의 정체는? 맨 아래 사진은 아가미뚜껑에 뚫린 구멍.

대학으로 돌아와 여러 문헌을 찾아보았다. 그리고 곧바로 범인을 찾았다. 바로 달마상어였다. 수상한 그 구멍은 달마상어가 물어뜯은 자리였던 것이다. 달마상어는 3종류가 알려져 있다.

달마상어는 비닐로 된 어린이 야구방망이처럼 생겼다. 방망이 손잡이 끝에 큰 꼬리지느러미를 붙이고, 손잡이 가까이에 작은 등지느러미와 뒷지느러미 2개씩 붙인 뒤, 중간 부분에 작은 가슴지느러미 2개를 붙이면 거의 진짜와 같은 달마상어 모습이 된다. 가슴지느러미 가까이에는 검은 띠 모양의 무늬가 있어서 마치 검은 넥타이를 매고 있는 것처럼 보인다.

달마상어는 오징어를 좋아한다. 참치와 같은 대형 어류를 공격하거나 돌고래, 바다표범, 고래도 먹는다. 놀라운 것은 거대한 메가마우스상어도 달마상어에게 당한다는 것이다. 그런데 달마상어의 공격 대상은 이뿐만이 아니다. 무슨 이유에서인지 원자력 잠수함도 물어뜯는 것이다. 그 맛은 어떠했을까?

독특한 입 구조

달마상어는 상어 가운데서도 아주 특이하게 먹이를 먹는다. 어쩌면 그렇게 깨끗하게 고기를 물어뜯을 수 있을까? 달마상어 입의 비밀을 풀어 보자.

입

겉으로 보기에 입은 작고 귀엽다. 하지만 입술을 들추어보면 다른 상어에서는 볼 수 없는 큰 턱뼈가 그 안에 숨겨져 있다.

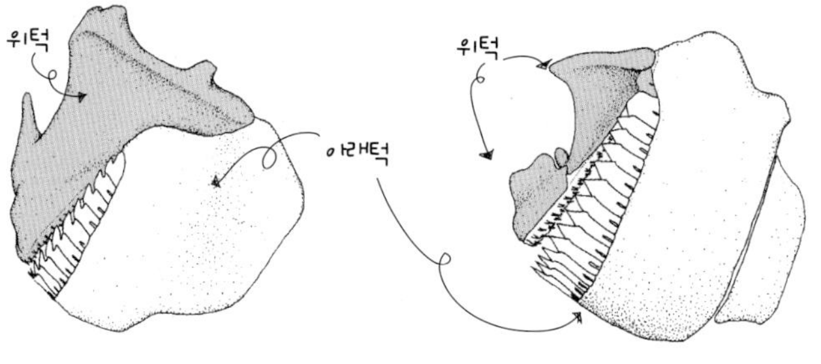

옆에서 본 일반 상어(왼쪽) 턱뼈와
달마상어(오른쪽) 턱뼈(시라이와 나카야, 1992).

턱뼈

상어 턱뼈는 보통 위아래 크기가 같고 모양도 비슷하다. 그래서 입을 다물면 위아래 턱이 딱 맞물린다. 그런데 달마상어 턱은 그렇지 않다. 위아래 턱 크기뿐 아니라 모양도 극단적으로 다르다. 작고 약한 위턱은 무슨 이유에서인지 두 개로 나뉘어 있다. 매우 튼튼 한 아래턱 뼈는 위턱의 5배 정 도 크 고 , 둥근 원통을 세로로 싹둑 자른 듯한 모양이다. 이 때문에 입을 닫아도 위턱과 아래턱이 서로 엇갈린다.

이빨

위턱 이빨은 작은 가시 모양으로 드문드문 나 있다. 그런데 아래턱 이빨은 서로 따닥따닥 붙어 있으며 이빨이 이등변삼각형 꼴이다. 원통을 세로로 자른 것 같은 아래턱 위에 이빨이 일렬로 배열되어

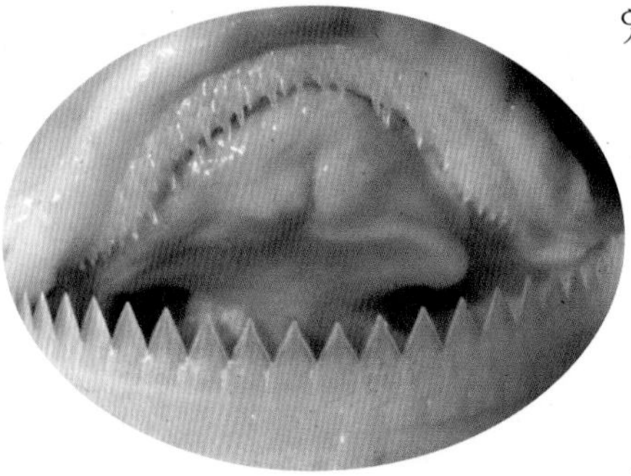

달마상어 이빨. 커다란 아래턱에는 삼각형의 날카로운 이빨이 이어져 있다.

있어서, 아래턱 이빨은 전체적으로 둥근 톱처럼 보인다. 위턱은 작아서 입을 다물면 아래턱 안쪽으로 완전히 들어가 버린다.

보통 어떤 물체를 물 때는 위아래 턱이 딱 맞물려야 한다. 그럼 달마상어는 어긋난 위턱과 아래턱 이빨로 어떻게 먹이를 물까? 아무리 생각해도 이상한 이빨 구조다.

혀

상어도 혀가 있다고? 설마 하는 사람이 있을 것이다. 하지만 상어도 제대로 된 혀가 있다. 그 가운데서도 달마상어 혀는 입 안을 가득 채울 정도로 특히 크다. 이런 혀가 없었다면 달마상어는 제대로 먹이를 먹을 수 없을 것이다.

달마상어 입에는 혀를 뒤로 잡아당기는 근육이 붙어 있는데, 이 근육은 초대형이며 복부 근육과 연결되어 있다. 복부 근육까지 동원돼 혀를 잡아당기기 때문에 그 힘이 대단하다.

별난 식사법

그럼 지금부터는 달마상어의 식사 시간이라고 생각하자. 특히 어떻게 해서 그토록 깨끗한 구멍을 만들어 낼 수 있었는지를 상상해 보자.

굶주린 달마상어가 먹이를 찾고 있는데 때마침 바로 앞에 황새치가 낚싯바늘에 걸려 있지 않은가? 달마상어는 쏜살같이 먹이를 향해 돌진한다. 그리고 먼저….

뽀뽀를 한다

황새치를 들이받기 전에 아래턱을 최대한 내린다. 위턱도 들어 올려 입이 앞으로 나오게 한다. 먹이를 물면 두 개로 나뉜 부분에서 위턱뼈가 구부러지면서 가시 모양 이빨이 황새치 피부에 박힌다. 동시에 큰 톱 같은 아래턱 이빨도 황새치를 문다. 이어서 두꺼운 입술이 먹이에 착 붙는다.

흡착한다

그 상태에서 먹이와 한참 뽀뽀하다 큰 혀를 단숨에 뒤로 잡아당긴다. 이때 복부 근육까지 사용되기 때문에 혀를 잡아당기는 힘이 실로 굉장하다. 그러면 입 안은 압력이 낮아져 입이 황새치 몸에 달라붙는다. 그와 동시에 큰 꼬리지느러미를 있는 힘껏 흔들면서 몸을 전진시켜 더 밀착시킨다. 이러한 연속된 두 동작으로 달마상어 입은 더욱 강렬하게 황새치에게 달라붙고, 이빨이 점점 먹이의 몸

속으로 파고들어 간다.

이것으로 식사 준비 완료. 그리고 마지막으로….

트위스트 춤을 춘다

꼬리지느러미와 몸의 근육을 비틀면 달마상어 몸은 빙그르르 돈다. 이 트위스트 춤이 달마상어 식사의 절정이다. 회전하면서 입을 닫으면 아래턱 이빨이 아이스크림을 파내는 스푼과 같이 황새치 살을 도려낸다. 반만 돌아도 공을 반으로 나눈 모양의 살이 깨끗하게 입 안으로 빨려 들어온다. 다음은 꿀꺽 삼키기만 하면 된다.

더 알기 쉽도록 다른 이야기를 해 보자.

컴퍼스로 원을 그릴 때를 생각하면 된다. 컴퍼스의 한쪽 다리를 고정시킨 뒤 연필을 끼운 다른 쪽 다리를 빙그르르 돌려 원을 그린다. 달마상어가 먹이를 먹을 때 일어나는 현상이다. 달마상어 아래턱에 있는 이빨은 둥글게 배열되어 있어서 위아래 턱 이빨이 잘 맞물리지 않는다고 말했다. 이 '불리한' 상황이 달마상어 식사의 중요한 포인트다. 위턱 이빨이 아래턱의 둥글게 배열된 이빨 안쪽으로 온다. 이 위턱 이빨이 고정된 컴퍼스 다리이다. 그리고 연필 부분에 해당하는 것이 날카로운 아래턱 이빨이다. 원형으로 늘어서 있는 이 아래턱 이빨 덕분에 아주 깨끗하게 먹이가 잘리는 것이다. 이때 딱딱한 뼈도 어느 정도 잘린다.

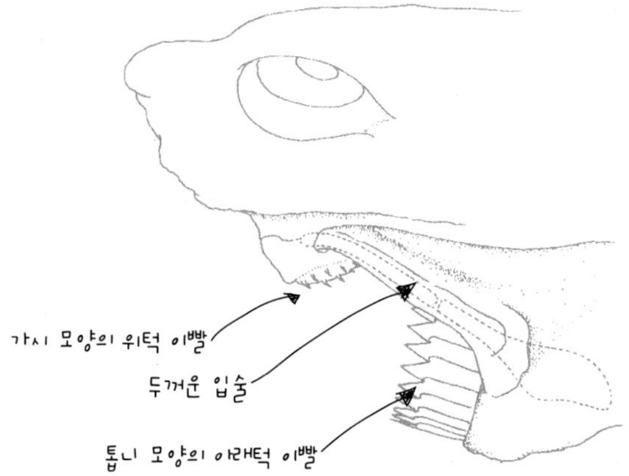

먹이 먹을 때 달마상어 입 모양.

뽀뽀, 흡착, 그리고 춤. 달마상어가 먹이 먹는 과정은 이러한 연속된 세 동작으로 이루어진다. 그렇지만 먹이 먹는 데 걸리는 시간은 한순간이다.

사실 이 과정을 본 사람은 세계 어디에도 없다. 달마상어의 입 구조를 살펴보면 그렇다는 것이다.

몰래 먹기 선수

그러면 이제 달마상어가 왜 '쿠키커터 상어'인지 구태여 설명하지 않아도 알 것이다. 과자를 만드는 쿠키커터는 밀가루 반죽에 틀을 누르면 되지만, 상어의 쿠키커터는 여기에 '비틀기'라는 과정을 하나 더 추가한 것이다.

어시장에서 황새치 몸에 나 있는 달마상어의 식사 자국을 보고 있노라면, 때때로 그 자국이 오래되어 보이는 것도 있다. 상처는 완전히 나은 것 같았지만, 오래전에 달마상어에게 물린 자국이 틀림없다. 한가롭게 헤엄치다가 달마상어에게 공격당해 살점이 떨어져 나갔을 것이다. 그러나 그때의 아픔은 우리가 모기에게 물렸을 때 느낌일 뿐이다. 따끔할 뿐 목숨을 잃을 정도는 아니라는 것이다. 물려서 떨어져 나간 살은 곧 원래대로 돋아난다.

달마상어는 먼 바다에 사는데, 그곳에는 먹이가 적다. 그래서 먹이 잡을 기회를 놓치면 그 환경에서 살아남을 수가 없다. 달마상어가 손발도 대지 않고 보통 자기보다 수백 배나 더 큰 물고기에서 조금씩 몰래 살점을 떼어 먹는 방법을 터득하게 된 것도 이런 이유에서가 아닐까? 그래서 달마상어 얼굴을 보고 있으면 감탄사가 절로 나온다.

4장

상어 고추는 두 개

"상어는 고추가 2개"라고 말하면 믿을까? 고추는 하나만 있는 것이 당연한데….

하지만 수컷 상어는 정확하게 교미기가 2개다. 나는 연구 때문에 거의 날마다 상어를 다루어서 이 사실이 별로 이상하지 않다. 하지만 조금만 깊이 생각해 보면 교미기가 2개라는 사실은 참으로 신기하다.

수컷 상어 교미기는 배지느러미 안쪽에 있다. 배지느러미는 동물 뒷다리에 해당되니 수컷 상어 교미기도 인간이나 다른 동물과 같은 위치에 있는 셈이다.

수컷 상어 교미기는 2개

수컷 상어가 어릴 때는 교미기가 작아서 눈에 잘 띄지 않지만 다 크면 10미터 정도 떨어진 곳에서도 보인다. 그래서 상어 암수 구분은 매우 쉽다. 교미기가 있는 것이 수컷이고 없는 것이 암컷이다.

괭이상어 교미기.

수컷 상어 교미기 모양이나 크기는 상어 종류에 따라 다르다. 하지만 교미기 안에 깊은 골 1개가 밑둥부터 끝까지 이어져 있다는 공통점이 있다. 이 골이 정액의 통로다.

짝짓기 할 때, 수컷은 교미기를 암컷의 생식공에 집어넣는다. 생식공이란 좌우 배지느러미 사이에 있는 구멍(총배설강이라고도 함)을 말한다. 항문과 같은 곳이라고 생각하면 이해하기 쉽지만, 항문은 먹고 난 찌꺼기를 배출하는 곳인 반면 생식공은 똥오줌뿐만 아니라 알, 그리고 새끼까지 내보낸다. 암컷의 생식공은 하나뿐인데 수컷의 교미기는 두 개

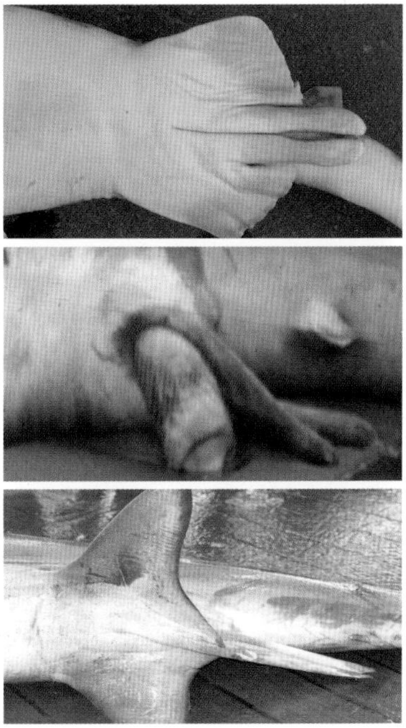

수컷 상어 교미기 모양은 상어마다 다르다. (위부터) 수염상어, 메가마우스상어, 환도상어.

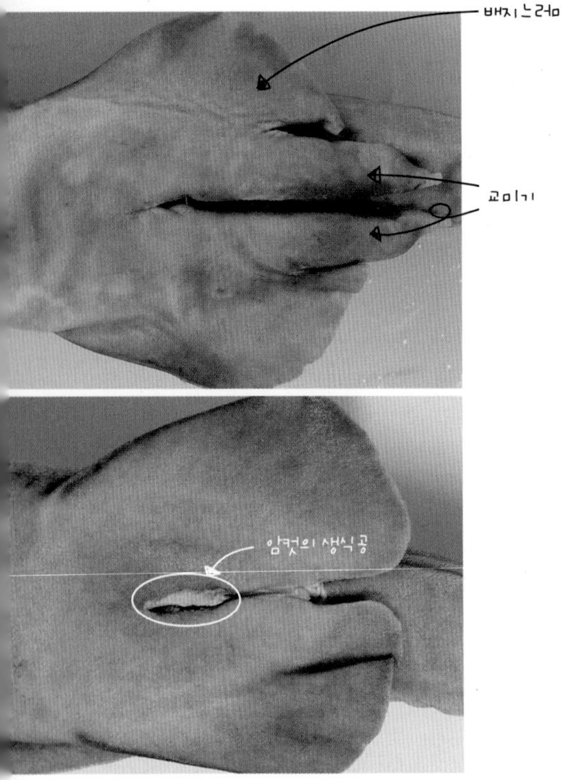

상어는 암수 구별이 쉽다. 교미기 있는 것이 수컷(위쪽)이다.

다. 어찌된 일인가? 상어 전문가임에도 쉽게 풀리지 않는 수수께끼다.

오래전에 유명한 어류학자 두 분이 이 문제로 큰 논쟁을 벌였다고 한다. 한 사람은 "짝짓기 할 때 동시에 2개를 사용한다"고 주장했고 다른 사람은 "하나만 사용한다"고 하면서 서로 한 치의 양보도 없이 팽팽하게 맞섰던 것이다. 당시에는 누구도 상어의 짝짓기 과정을 본 적이 없으니 자기 생각대로 주장한 것이다.

지금은 여러 곳에 대형 수족관이 생겨서 짝짓기 과정도 직접 볼 수 있는데, 수컷 상어는 짝짓기 할 때 교미기를 하나만 사용한다.

왜 두 개일까?

수컷 상어 교미기 기원은 배지느러미와 관계있다. 좌우에 하나씩

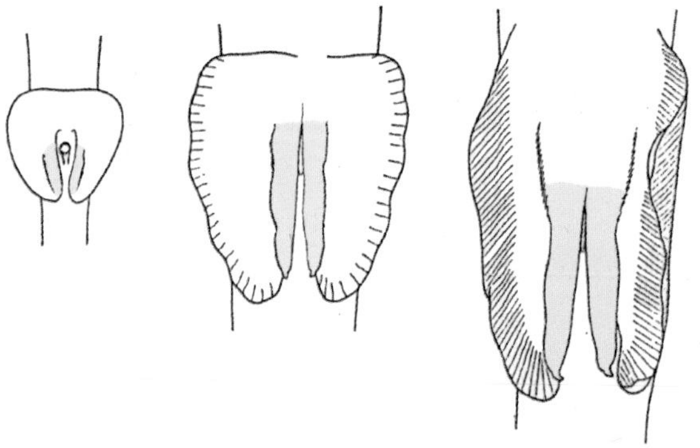

수컷 상어 교미기 생성 과정. 교미기는 배지느러미가 변한 것이다.

배지느러미가 있는데 이 배지느러미 뼈가 발달해서 교미기가 된 것이다. 하지만 하나만 사용할 거라면 왜 두 개씩이나 가지고 있을까?

그것은 상어의 독특한 짝짓기 방법에서 비롯된 것 같다. 상어의 짝짓기 방법은 상어 종류에 따라서 여러 가지다. 수컷이 암컷 몸을 휘감거나 암컷에 접근해서 붙거나 암수가 서로 배를 맞대거나 한다.

짝짓기 할 때 수컷 몸은 암컷의 오른쪽이나 왼쪽 어느 한쪽으로 오는데, 어느 쪽이든 상관은 없다. 그러나 교미기는 별로 부드럽게 움직이지 못한다. 왜냐하면 거의 뼈로 이루어져 있기 때문이다. 교미기와 배지느러미 뼈는 서로 연결되어 오른쪽 교미기는 왼쪽으로, 왼쪽 교미기는 오른쪽으로 많이 구부릴 수 있는 반면 반대쪽으로는 상대적으로 구부리기 불편하다. 좀 이해하기 어렵겠지만, 생

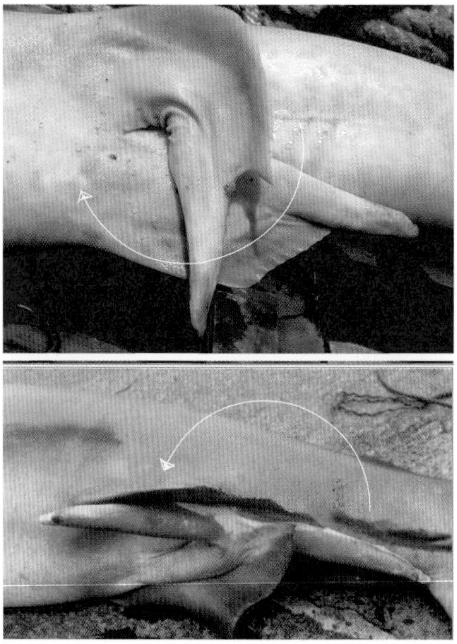

수컷 상어 교미기는 주로 뼈로 이루어져 자유롭게 움직이기 어렵다.

식공과 교미기 위치를 고려해 볼 때, 교미기 반대쪽은 짝짓기 자세에 그다지 좋지 않은 것이다. 실제 짝짓기 장면에서도 수컷이 암컷의 오른쪽에 있을 때는 오른쪽 교미기를 왼쪽으로 많이 구부려 삽입하지만, 왼쪽 교미기는 그대로 있다.

짝짓기 할 때 수컷이 암컷 왼쪽에 올 것인가 오른쪽에 올 것인가 하는 것은 그때의 상황에 따라 결정된다. 따라서 교미기가 하나뿐이면 절반의 역할밖에 하지 못할 것이다. 아무래도 교미기가 양쪽에 있어야 짝짓기 하는 데 편리하지 않을까?

짝짓기의 어려움

짝짓기 할 때가 되면 수컷은 암컷에서 나오는 냄새에 자극을 받아서 암컷의 뒤를 쫓기 시작한다. 암컷 한 마리에게 많은 수컷들이 앞 다투어 돌진하는 바람에 서로 부딪친다든지 밀어붙인다든지 공격한다든지 해서 그야말로 대소동이 벌어진다. 이 중에 승리한 수컷이 암컷을 차지하는데, 짝짓기 전 수컷 행동이 독특하다.

짝짓기 전에 수컷은 암컷을 물어뜯는다. 암컷을 진정시키고 짝짓기 자세를 잘 유지하기 위해서인데, 먼저 암컷의 가슴지느러미와 몸을 꽉 물어서 움직이지 못하게 한다.

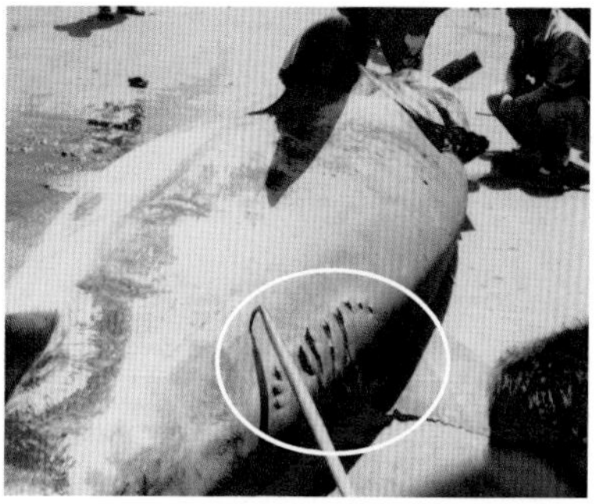
짝짓기 도중에 발생한 백상아리 암컷의 상처(오키나와 추라우미 수족관의 우치다 센죠 제공).

그런데 작은 이빨이라면 물어뜯겨도 별 문제가 없겠지만, 면도날처럼 예리한 이빨도 있으니 암컷 입장에서는 그리 참기 쉬운 일은 아닐 것이다.

암컷 몸에서 몇 번 짝짓기 흔적을 본 적이 있는데, 이빨이 거대한 백상아리 암컷의 상처는 특히 심했다. 머리와 몸통 등이 수컷 이빨에 물려 피범벅이 되어 있었다.

청새리상어 암컷은 피부가 매우 두꺼운데, 이것은 짝짓기 할 때 수컷 이빨로부터 몸을 보호하기 위한 것이 아닐까?

교미기 고정법

교미기가 암컷 생식공에 삽입되면 교미기 형태가 변하는데, 이는

네브리우스 콘콜로르(*Nebrius concolor*)의 짝짓기 장면. 수컷이 암컷의 가슴지느러미를 물고 있다(마키오 야나기사와 제공).

사정 직전에 교미기가 생식공에서 빠져 버리면 자손 번식이라는 중대한 일을 그르칠 수 있기 때문이다.

동물의 세계에서 번식은 생존 자체를 뜻한다. 그럼 교미기는 어떻게 변할까. 교미기 끝이 크게 열리고, 그 안에서 열쇠 모양의 뼈가 튀어나와 암컷 몸 안에 단단하게 고정된다.

또 다른 교미기 고정법도 있다. 상어 몸은 방패비늘(순린)이라는 비늘로 덮여 있어서 피부가 까칠까칠하다. 교미기라고 예외는 아니다. 그렇지만 교미기 비늘은 몸의 비늘과 상태가 다르다. 몸의 비늘은 그 끝이 모두 뒤로 향해 있지만, 교미기 비늘은 그 반대다. 그래서 교미기를 집어넣을 때는 부드럽지만, 일단 들어가고 나면 비늘 때문에 잘 빠지지 않는다. 교미기 비늘은 매우 작은데 단지 교미기가 생식공에서 쉽게 빠지는 것을 막아 주는 것이라 암컷 몸에 상처나 통증을 줄 염려는 없다. 몸 전체에서 교미기 비늘만 반대 방향으로 덮여 있다는 사실이 너무나도 놀랍고 신기하다.

배 펌프 주머니

수컷 배에는 재미있는 것이 있다. 배의 피부 아래에 주머니가 있는데 그것은 좌우에 한 개씩 있다. 주머니 출구는 교미기 기부와 연결되어 있다. 이 주머니는 짝짓기 할 때 바닷물로 가득 채워지는데 짝짓기가 절정에 이르면 배에 있는 근육이 수축되어 그 안의 바닷물이 교미기 기부에 분출된다. 정액은 짠 바닷물과 함께 교미기 골을 따라 암컷 몸으로 들어간다.

별로 납득할 수 없는 이야기 같지만, 이때 이 주머니 근육에서 특수한 화학물질도 분비된다. 이 물질이 암컷 몸에 들어가 자궁을 수축시킴으로써 정자가 제대로 암컷 몸 안으로 들어가는 것이다.

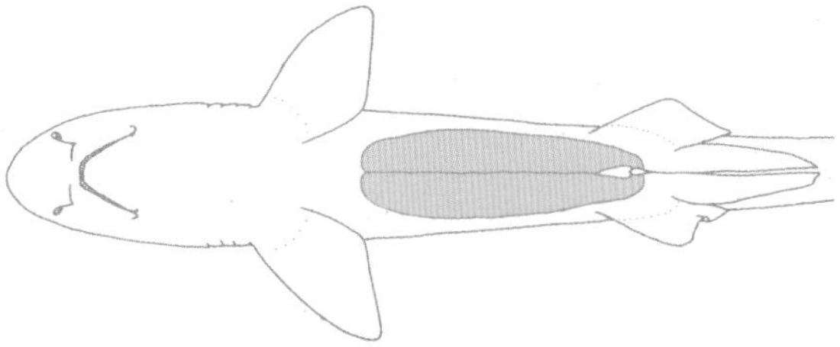

타이완상어의 배 펌프 주머니.

경쟁에 이겨서 제대로 짝짓기 했더라도 수컷은 자신의 자손을 남기기 위해서 또 한 단계를 넘어서야 한다. 바로 마이크로 경쟁에서 이겨야 하는 것이다. 다른 수컷의 정자가 먼저 암컷의 몸속에 들어가 있을 수 있으므로, 수컷은 배의 펌프 주머니에서 바닷물을 분출시켜 다른 수컷의 정자를 날려 버린 뒤, 자신의 정자를 암컷에 전달한다. 물고기 세계에선 흔한 현상이다.

지금까지 배의 펌프 주머니에 대해 말했지만 이 주머니의 진짜 역할에 대해서는 아직 의문점이 많다.

짝짓기의 뒷정리

짝짓기 할 때 암컷은 수컷에게 물어뜯기기 때문에 많은 상처를 입는다. 이빨이 예리한 상어는 암컷은 물론 수컷도 암컷을 둘러싸고 다른 수컷과 싸우다 몸 전체에 심한 상처를 입는다. 이 상처는 짝짓기가 끝난 뒤 자연적으로 치유되는 것이 보통이지만, 상처를 치료받는 특이한 상어도 있다. 바로 홍살귀상어다.

중앙아메리카 코스타리카의 태평양에 있는 아름다운 코코 섬은 '보물섬'의 전설이 있는 곳이다. 1999년 일본 방송국 취재팀이 이 섬에서 홍살귀상어 무리를 촬영했는데 이상한 점이 있다며 나에게 편집하기 전의 비디오 영상을 보내왔다. 거기에는 홍살귀상어의 '기묘한' 행동 장면들이 담겨 있었다. 몸길이 3미터 정도의 거대한 홍살귀상어가 10센티미터 정도의 작은 물고기들에게 쫓기면서 물어뜯기고 있는 것이 아닌가!

화면을 자세히 보니 홍살귀상어 몸은 상처투성이였다. 다른 홍살귀상어도 거의 같은 곳에 상처가 나 있었다. 계속 반복해 보니 수컷도 일부 섞여 있었지만 상처가 있는 것은 대부분 암컷이었다.

상처투성이의 홍살귀상어가 난바다에서 연안으로 꼬리에 꼬리를 물고 천천히 헤엄쳐 온다. 그러자 암초에서 기다리고 있던 작은 물고기들이 재빠르게 나타나 홍살귀상어에 따라붙는다. '무얼 하는 것일까?' 생각하는 찰나 물고기들이 상어 몸에 부딪히기 시작했다. 이러한 행동이 여기저기서 관찰되었다. 그런데 홍살귀상어는 그런 물고기들을 피하려고 하지 않고 오히려 몸을 맡겼다.

여러 가지 가능성을 검토한 결과, 이 '이상한' 행동은 짝짓기 과정에서 생긴 상처를 물고기가 치료해 주는 것이라고 결론을 내렸다. 작은 물고기들은 상처 부위의 피부를 먹고, 홍살귀상어는 상처 부위의 불필요한 피부를 제거하려고 코코 섬으로 모여들었던 것이다. 따라서 홍살귀상어에게 코코 섬은 상처 난 몸을 치료받는 병원인 셈이다.

상어의 모든 것, 죠스

'죠스'라고 하면 분명 그 무서운 상어 영화가 생각날 것이다. 영화 제목 'jaws'는 양턱을 뜻하는데 이 제목은 인간들을 공격해 잔인하게 잡아먹은, 큰 이빨을 가진 상어의 무서운 '턱'에서 비롯된 것이다.

입은 몸의 입구. 이곳을 통과하는 것은 먹이와 물이다. 그리고 이 입구를 지탱하는 것이 죠스, 즉 '양턱'이다. 상어에게 양턱은 먹이를 잡는 도구이자 싸우는 무기이며, 먹을 때 쓰는 칼과 포크도 된다. 살아남으려면 먹느냐 먹히느냐 싸움도 해야 되고, 먹이를 놓고 형제 상어들과 다투기도 해야 한다.

고생대부터 이러한 투쟁을 반복하면서 살아온 상어는 오늘날 바다 먹이사슬의 꼭대기에 서 있다. '턱'이 없었어도 그렇게 되었을까?

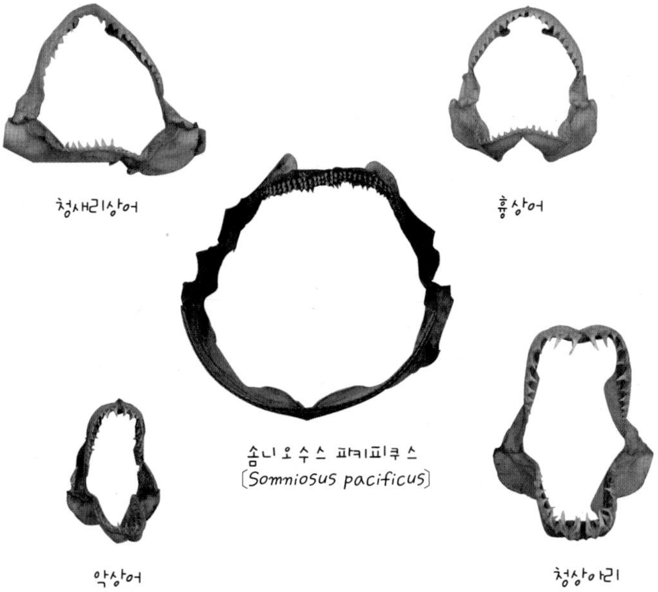

강력한 턱이 없었다면 오늘날의 상어가 있었을까. 다양한 상어 턱 모양.

상어 턱이 구체적으로 어떻게 생겼는지 떠올릴 수 있도록 사람 턱과 비교해 보자. 상어 턱과 사람 턱 사이에는 결정적으로 다른 점이 있다. 여러분의 뺨을 만져 보라. 위턱과 두개골의 경계 부분을 찾았는가? 못 찾을 것이다. 사람의 위턱과 두개골은 하나로 붙어 있기 때문이다.

그렇다면 상어의 턱은 어떻게 되어 있을까? 상어 위턱은 사람과 달리 두개골과 나뉘어 있다. 따라서 간단히 구별할 수 있다.

턱의 변화

그럼 이제 상어 턱이 몇 억 년에 걸쳐서 어떻게 변했는지 이야기해 보자.

고생대 데본기, 지금부터 3억 수천만 년 전에 '클라도세라키'나 '클라도다스'라는 상어가 있었다. 이 상어는 지금의 상어와 여러 가지 면에서 매우 달랐다. 턱도 그중 하나다. 화석에서 복원된 이들 상어의 생김새를 보면 입이 몸의 앞 끝에 있다. 당연하다고 여길지도 모르지만, 지금 상어의 입은 대개 머리 아래쪽에 있다. 물론 고래상어처럼 입이 몸의 앞 끝에 있는 종류도 있지만, 그것은 소수다. 옛날과 현재 상어 턱이 어떻게 다른지 자세히 비교해 보자.

옛날 상어

고생대 상어는 턱뼈가 매우 크다. 턱뼈는 두개골 아래쪽에 있지만 두개골보다도 더 길다. 위턱뼈는 두개골과 착 달라붙어서 잘 움직이지 못할 것 같다. 턱의 앞 끝이 두개골 앞 끝과 가까워 양턱을 벌리면 입이 몸의 앞 끝에서 쩌억 벌어진다. 턱뼈가 길어 몸에 비해 입이 컸을 것이다.

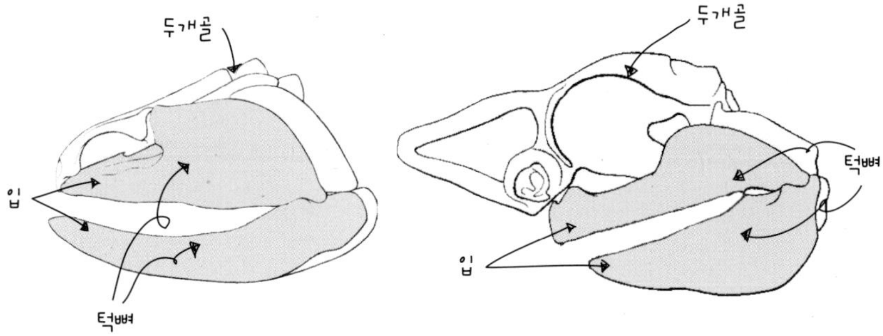

고생대(왼쪽, 클라도셀라키)와 현재 상어(오른쪽, 청상아리)의 턱뼈.
현재 상어는 입이 머리 아래쪽에 있다(Schaeffer, 1967).

현재 상어

오늘날 상어는 고대 상어보다 턱뼈가 작아져 두개골 뒤쪽으로 이동했다. 그 바람에 입이 머리 아래쪽으로 내려갔다. 위턱뼈는 두개골과 떨어져서 자유롭게 움직일 수 있게 되었다. 턱이 짧아져 입이 몸에 비해 작아졌다.

식사법의 변화

고대 상어와 지금의 상어는 턱이나 입의 위치가 서로 달랐기 때문에 먹이 먹는 방법도 분명히 달랐을 것이다. 그 차이점을 생각해 보자.

옛날 상어

고생대 상어 이빨은 짧은 포크 같았다. 위턱과 아래턱은 뒤쪽에서 연결되고 그 연결 부위 가까이에 턱을 닫기 위한 근육이 있었다. 위턱은 두개골과 붙어 있어서 움직이지 않기 때문에, 아래턱만을 오르내려 입을 여닫았다. 또 입이 몸에 비해 커서 어지간한 크기의 먹이는 먹을 수 있었다. 한 번에 삼키기 힘든 먹이는 물어뜯었음에 틀림없는데, 턱뼈가 길어 무는 힘이 그다지 세지는 않았을 것이다. 그러므로 먹이 잡는 능력은 지금 상어보다도 훨씬 떨어졌다고 봐야 한다.

무는 힘이 더욱 센 강력한 경쟁 상대가 나타나서인지, 먹잇감이 너무 영리해져서인지 아무튼 이 상어들은 나중에 지구상에서 절멸됐다.

현재 상어

고생대 상어에 비해 현재 상어는 입이 작다. 그 때문에 큰 먹이 먹기가 어려워져 오히려 더 불리해졌다고들 하지만 사실은 그렇지 않다. 현재 상어는 양턱을 꽉 물거나 턱을 밀어낸다든지 하는, 턱을 움직이는 근육이 잘 발달했다. 예리한 칼이나 톱니 모양의 이빨, 먹이를 으깰 수 있는 주먹 모양의 이빨, 쌀알과 같은 작은 이빨 등 이빨 모양이나 크기도 여러 가지다. 게다가 같은 종류의 상어라도

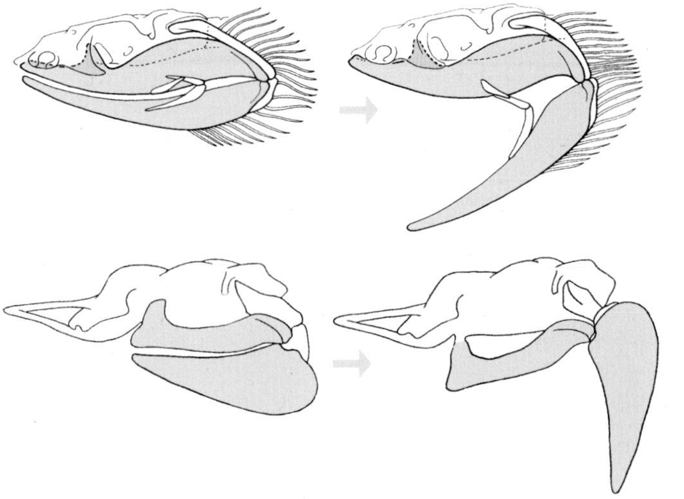

고생대(위)와 현재 상어(아래, 흉상어)의 입 여닫는 모습. 현재 상어는 턱이 짧아 먹이를 잘게 잘라 먹을 수 있다(Maisey. 1980 ; Moss. 1972).

암수 이빨 모양이 서로 다르다.

오늘날 상어는 위턱뼈가 두개골에서 분리되어 자유로워지고 양 턱을 움직일 수 있게 여러 가지 근육이 발달돼, 턱을 앞으로 내밀 수 있게 되었다. 턱이 짧아진 만큼 무는 힘도 강해졌다. 이빨도 날카로워져 고깃덩어리를 잘라 먹을 수 있게 되었다. 먹이를 질근질근 씹다 보면 이빨이 쉽게 망가지지만, 새 이빨이 곧 다시 나온다. 있는 힘껏 먹이를 문 다음 작게 잘라서 먹는다면 큰 먹이도 작은 먹이나 다름없다.

입이 왜 아래에 있나?

옛날 상어 입은 머리 앞쪽에 있었다. 누구라도 그러한 입 구조가 먹이를 먹는 데 쉽다고 생각할 것이다. 사실 연어와 넙치, 꽁치 등의 경골어류 입은 모두 머리 앞쪽에 있다. 하지만 현재 상어는 그렇지 않다. 보통 몸 아래쪽에 입이 있는데 그것이 생존에 유리하기 때문이다.

그럼, 그 구조가 왜 유리할까? 이것 또한 약간의 의문이 든다.

경골어류(위, 바리과)와 상어(아래, 강남상어) 입 위치. 상어 입이 아래쪽에 있는 건 먹이를 꽉 물기 위해서다.

먹이를 물고 늘어지는 장치

우선 생각할 수 있는 것은 턱이 짧아서 강한 힘으로 먹이를 물 수 있다는 것이다. 이것은 살아가는 데 가장 중요한 먹이 잡는 능력이 그만큼 높아졌다는 뜻이다.

고성능 레이더 장치

또 하나는 로렌치니병과 관계있다. 로렌치니병은 상어 코끝에 많이 분포되어 있다. 상어는 이것으로 자기장을 느낀다든지 진흙이나 탁한 물속에서도 먹이를 찾아낸다. 드넓은 바다에서는 방향을 알아내기도 한다. 그래서 상어 코끝은 레이더나 음향추적장치라고 해도 과언이 아니다.

옛날 상어는 입이 몸의 앞쪽에 있었다. 그래서 입이나 턱뼈가 장애물이 되어 로렌치니병이 지금만큼 많지 않았고, 레이더로서도 그다지 기능이 우수하지 못했을 것이다.

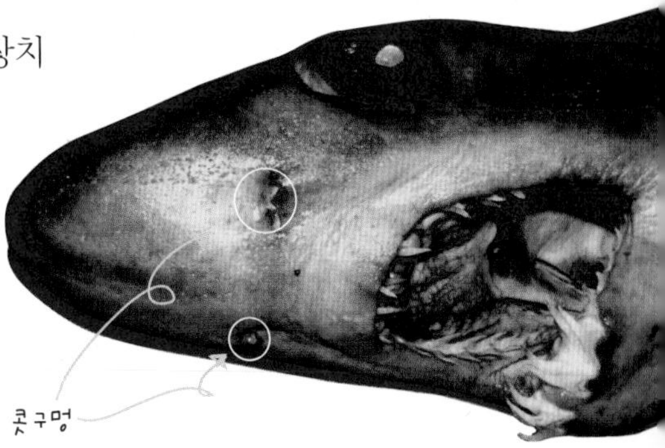

상어 콧구멍 주변에 특히 로렌치니병이 많다.

입이 앞쪽에서 조금씩 아래로 내려오면 상어 코끝에 공간이 생긴다. 이 공간에 로렌치니병이 가득 배열되어 있다면 어떻게 될까? 로렌치니병이 증가할수록 자기장을 감지하는 능력 또한 더욱 높아진다. 비행기의 레이더와 잠수함의 음향추적장치도 가장 앞부분에 있다. 입을 아래쪽으로 이동시킴으로써 상어도 몸의 앞쪽에 고성능 레이더와 음향추적장치를 장착하는 것에 성공했다고 생각하면 어떨까? 깊은 바다 속에서 이러한 레이더가 있다면 먹이 찾는 데 크게 유리할 것이다.

심해 바닥에 사는 상어 중에는 종종 코끝이 주걱 모양인 것이 있는데, 그 코끝에는 로렌치니병이 가득 차 있다. 그런 상어는 암흑의 바다 밑바닥에서 먹이가 내는 미세한 신호를 감지하여 먹이를 손에 넣는다. 이러한 재주는 입이 앞에 있을 경우에는 불가능하다.

먹이를 공격할 때 상어는 코끝을 먼저 먹이에 가까이 들이대는데, 이 모습은 마치 머리를 먹이에 올려놓는 것처럼 보인다. 이때 입 앞에 있는 로렌치니병에서 먹이에 대한 정보를 모으는 것이다.

입이 아래로 내려간 것이 먼저인지, 로렌치니병이 입을 아래로 밀어낸 것인지는 알 수 없다. 하여간 입이 아래쪽으로 이동함으로써 먹이 잡는 능력이 나아지고 고성능 감각기관을 얻은 것은 사실이다.

충치 없는 이빨

사람들은 흔히 '상어'라고 하면 사람을 공격하는 무서운 물고기로 무시무시한 이빨을 가지고 있다고 생각한다. 백상아리 이빨은 분명히 면도날과 톱날을 합쳐 놓은 것처럼 크고 무시무시하다. 또 청상아리의 송곳과 같은 뾰족한 이빨에 물리면 틀림없이 큰 상처를 입는다. 하지만 상어 이빨이 다 그런 것은 아니다. 쌀알 모양도 있고, 작은 가시 모양도 있고, 주먹처럼 단단한 것도 있다.

고생대와 중생대 그리고 신생대의 상어 이빨 화석이 바위와 모래 속, 그리고 바다 바닥에서도 많이 발견되었다. 유독 이빨만 발견되기 때문에 어떤 고생물학자는 '상어는 이빨'이라고 말하기도 했다. 물론 상어가 이빨만 가지고 헤엄친 것은 아니다. 그렇다면 어떻게 해서 이빨 화석이 그토록 많이 존재하는 것일까?

상어 이빨은 일생 동안 몇 번이나 빠지고 새로 난다. 이러한 이빨 구조가 아니었다면 지금의 상어는 절대로 존재할 수 없었을 것이다. 인간의 이빨은 젖니와 간니 2세트뿐이다. 그래서 사람은 간니를 소중하게 관리하면서 일생 동안 사용해야 한다. 하지만 상어의 경우는 다르다. 우적우적 씹어 엉망이 되어 버린 이빨을 마치 일회용품처럼 버리고, 곧바로 제대로 된 신제품 이빨을 다시 나오게 한다. 몇 번이라도 이빨을 갈 수 있기 때문에 치과의사가 필요 없다. 정말 부러운 이빨 구조다.

사람 이빨은 엘리베이터, 상어 이빨은 에스컬레이터

사람 이빨은 턱뼈의 치조골이라는 오목한 곳에 단단하게 박혀 있다. 이빨을 갈 때에는 치조골 안에서 간니가 올라와 젖니를 밀어낸다. 간단히 말하면 엘리베이터 방식이다.

상어는 사람의 경우와 좀 다르다. 이빨이 턱뼈에 박혀 있는 것이 아니라 뼈 표면에 붙어 있을 뿐이다. 그리고 이빨의 뿌리 부분은 잇몸에 묻혀 있다. 이 잇몸의 안쪽으로는 새로운 이빨들이 열을 이

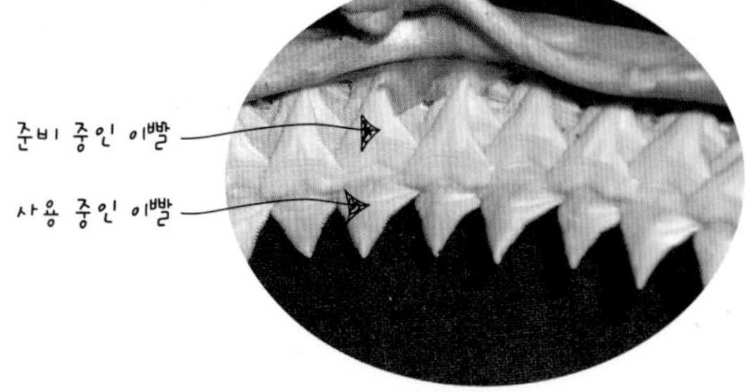

흉상어 턱 안쪽.

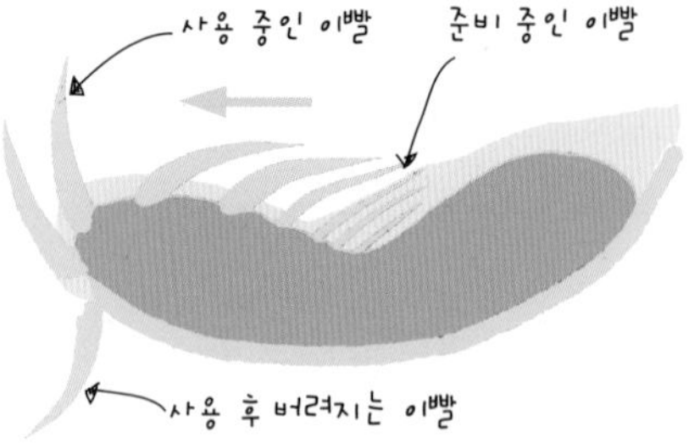

상어 이빨 교환 과정.

루어 대기하고 있고, 이 이빨들은 조금씩 바깥쪽으로 이동한다.

턱뼈 안쪽에 있는 '신제품' 이빨 제조 공장은 잇몸에 묻혀 있는 새 이빨을 계속해서 만들어 낸다. 잇몸은 턱의 바깥쪽으로 조금씩 움직이기 때문에 그 안에 있는 이빨도 같이 이동된다. 그러다 턱뼈 모서리까지 오면 이빨이 살짝 일어나 앞으로 나온다.

이빨을 사용하다 이빨 날이 나가거나 무디어지면, 잇몸은 이빨을 올려놓은 채로 턱의 바깥쪽으로 돌아간다. 그러면 거기에서 이빨 뿌리가 밀어올려져 잇몸에서 이빨이 쏙 빠져 버린다. 그때 다음의 신제품 이빨이 나와서 빠진 자리를 메운다. 이처럼 상어 이빨 교환은 에스컬레이터 방식이다.

이빨이 교체되는 데 걸리는 시간은 에스컬레이터 속도와 크게 관련이 있다. 물론 상어 종류에 따라서 그 속도도 다르다. 어떤 종류는 거의 1주일에 한 번, 또 어떤 종류는 2일에 1번꼴로 교체된다.

일반적으로 부드러운 먹이를 먹는 상어는 이빨도 그다지 손상되지 않기 때문에 교환 속도가 느리고, 큰 먹이를 아작아작 씹어 먹는 습성을 가진 상어는 이빨이 금세 못 쓰게 되므로 교환 속도도 빠르다. 게다가 같은 종류더라도 성장기의 젊은 상어와 늙은 상어도 몸의 대사 속도가 달라 당연히 교환 속도가 다르다.

일생 동안 사용하는 이빨이 무려 3만 개

이러한 속도로 상어는 새로운 이빨을 만들고, 사용하고, 버리기를 반복한다. 그럼 상어는 대체 일생 동안 이빨을 몇 개 정도 사용할까? 예를 들어 위턱의 오른쪽 절반에 이빨 15개가 있다고 하자. 그렇다면 왼쪽에도 15개로 모두 30개. 아래턱도 똑같다고 치면, 위아래 합해서 60개. 1주일에 한 번 이빨을 교체한다고 하면 1년은 52주이니 1년간에 사용하는 이빨은 60개의 52배. 결국 3120개. 이 상어의 수명이 10년이라면 무려 31,200개가 된다. 이와 같이 계산하면 상어가 일생 동안 사용하는 이빨은 3만 개 정도다. 그러나 이보다 이빨을 더 많이 가진 종류도 있고, 15년이나 20년간 사는 상어도 있으니 상어 이빨 수는 그 이상일 수도 있다.

인간이 일생 동안 사용하는 이빨은 젖니 20개, 간니 32개로 겨우

해저에서 발견된 옛날 백상아리 이빨로 만든 턱 모양(뉴칼레도니아에서 찍음).

52개뿐이다. 아무리 열심히 틀니로 대항한다고 해도 상어의 이빨 수에는 어림도 없다.

상어 한 마리가 10년 동안 3만 개 정도의 이빨을 사용한다고 하였다. 그 상어가 10만 마리 있다고 가정하면 이빨 총 수는 30억 개. 상어 수명이 10년이라면 100년 동안에는 이빨 300억 개가 해저로 떨어진다. 상어 종류는 400종. 따라서 상어가 남기는 이빨의 수는 300억의 400배…. 이 때문에 해저는 상어 이빨로 뒤덮일 것 같다. 어떤 고생물학자가 '상어는 이빨'이라고 말한 것을 이해할 수 있을 것도 같다.

해저로 떨어진 이빨 위에 모래나 진흙이 쌓인다. 그 후 이빨은 진흙이나 모래에 묻혀 화석이 된다. 프랑스에 있는 친구에게서 상어 이빨화석을 받은 적이 있다. 남태평양에서 어류 조사를 하려고 그물을 내렸는데 그 그물에 온통 옛날 백상아리 이빨화석이 걸려 있었다고 한다. 그 친구가 그것을 보여 주었을 때 무척 갖고 싶어 하는 인상을 심어 준 모양이다. 그 이빨은 해저에 빠진 지 수백만 년이나 지났을 것이다. 상아질이 벗겨지고, 따개비 같은 동물이 붙어 있었던 흔적도 있었다. 하지만 매끈매끈한 에나멜질이 남아 있는 그것은 현재의 백상아리 이빨과 정말 똑같았다.

여러 가지 이빨

상어 종류에 따라 좋아하는 먹이가 다르다. 이빨 모양은 먹이를 먹기에 편리하게 되어 있으므로 이빨을 보면 대개 그 상어의 식성을 짐작할 수 있다.

백상아리는 어릴 때는 물고기를 먹고, 자라면서 바다표범이나 돌고래를 좋아한다. 그래서 젊은 백상아리 이빨은 가늘고 길지만, 나이가 들수록 이빨 폭이 넓어져 정삼각형이 된다. 이빨 가장자리에 있는 톱니 모양은 마치 스테이크용 나이프 같아서 바다표범이나 돌고래 같은 큰 고깃덩어리를 자르기에 아주 적합하다. 청상아리는 송곳처럼 뾰족한 이빨로 꼬치를 만들듯 물고기나 오징어를 찔러서 통째로 삼키거나 찢어 먹는다.

괭이상어가 좋아하는 먹이는 조개나 새우, 게 등의 갑각류이다. 패류 속살을 먹기 위해서는 딱딱한 패각이나 껍데기를 깨부수어야 한다. 괭이상어 턱에는 튼튼한 이빨이 많이 늘어서 있기 때문에 이것으로 딱딱한 껍데기도 간단히 깨물어 부술 수 있다.

갯지렁이처럼 부드럽고 움직임이 둔한 먹이를 먹는 두툽상어는 작은 이빨로 먹이를 물고는 그대로 삼켜 버린다. 플랑크톤을 먹는 상어도 있는데 이러한 상어 이빨은 모양이 어떨까? 작은 플랑크톤

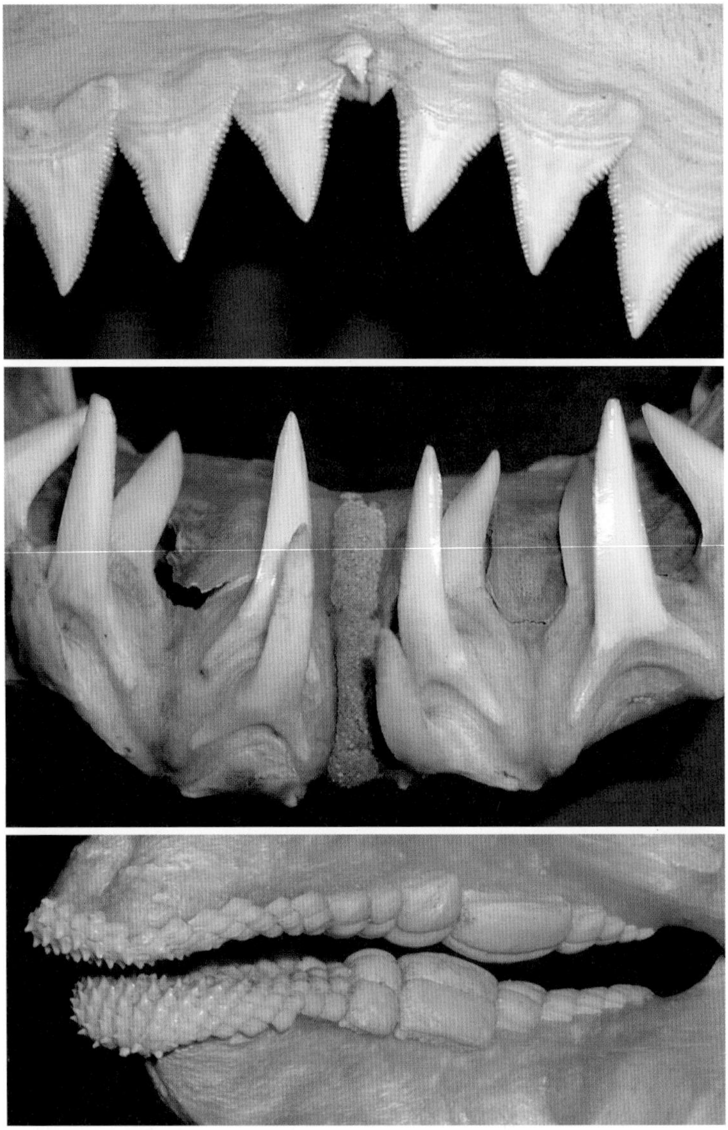

상어 이빨을 보면 주 용도를 짐작할 수 있다. (위부터) 흉상어류(자르는 이빨), 청상아리(찌르는 이빨), 괭이상어(누르는 이빨).

을 먹으니 이빨도 작다. 이빨이 쌀알 정도밖에 되지 않는다. 그 작은 이빨로 플랑크톤을 한 마리 한 마리 잡아먹는다면 배를 채우기도 전에 해가 저물어 버릴 것이다. 그래서 물과 플랑크톤을 함께 삼킨 다음, 플랑크톤만 특수한 장치로 걸러 먹는다. 플랑크톤을 먹는 상어의 이빨은 먹이 먹는 데 별다른 역할을 하지 못한다.

이빨의 역할은 물론 먹이를 먹게 하는 데 있다. 하지만 방금 말한 것처럼 상어 이빨은 종류가 여러 가지다. 플랑크톤을 먹는 돌묵상어와 고래상어, 메가마우스상어는 먹이를 먹는 데 이빨이 거의 중요하지 않기 때문에 여기에서는 무시하기로 하고, 다른 상어 이빨의 역할에 대해 좀 더 깊이 생각해 보자.

상어 이빨을 자세히 관찰해 보면 이빨의 중요한 역할은 '자르고, 찌르고, 누르기'이다. '자르는' 이빨의 특징은 면도날처럼 예리하고, 때로 이빨 가장자리에 톱니 모양의 거치(톱니처럼 뾰족뾰족한 것)가 있다. 전형적인 모양은 삼각형이다. '찌르는' 이빨은 이쑤시개나 송곳처럼 가늘고 길다. '누르는' 이빨은 둥글거나 평평한 모양, 또는 작은 가시 모양이다. 백상아리와 흉상어 위턱에 있는 이빨은 전형적인 '자르는' 이빨이고, 청상아리와 흉상어 아래턱 이빨은 '찌르는' 이빨, 그리고 괭이상어를 비롯한 별상어, 두톱상어 이빨은 '누르는' 이빨이다.

상어 가계(家系)는 이빨로 나뉜다?

현재 세계의 상어는 약 400종이다. 이 상어들을 2개의 가계로 나누면, 제1가계는 악상어류와 흉상어류로 여기에는 백상아리, 청상아리, 청새리상어, 두툽상어 이외에도 얼룩상어와 괭이상어 등이 포함된다. 제2가계에는 그 외의 것이 전부 포함된다.

알기 쉽게 하기 위해서 제1가계를 '흉상어가', 제2가계를 '돔발상어가'라고 부르자. 그리고 이 두 가계와 이빨의 관계를 알아보자.

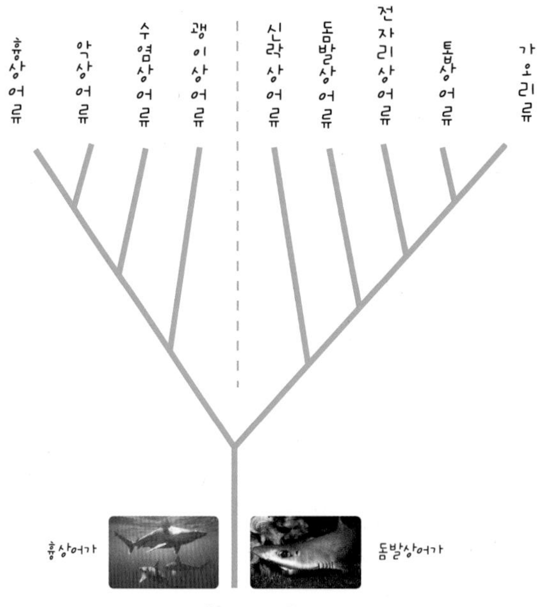

상어 가계도.

우선 위아래 이빨 구조는 '자른다 / 자른다', '찌른다 / 찌른다', '누른다 / 누른다' 세 가지로 구분되는데, 이것들은 양쪽 가계에 공통적이다. 흉상어가에서만 보이는 것은 '자른다 / 찌른다'와 '자른다 / 누른다'이고, '찌른다/자른다'와 '누른다 / 자른다'는 돔발상어에만 있다. 정리하면, '자른다 / ...' 모양은 흉상어가뿐이고, '... / 자른다'는 돔발상어가에서만 볼 수 있다. 즉 흉상어가는 위턱 이빨로, 돔발상어가는 아래턱 이빨로 먹이를 자르는 것이다. 위턱 이빨로 자르는 것과 아래턱 이빨로 자르는 것은 엄연히 다르니, 아무래도 흉상어가와 돔발상어가는 먹이 먹는 방법도 다를 것 같다.

흉상어가

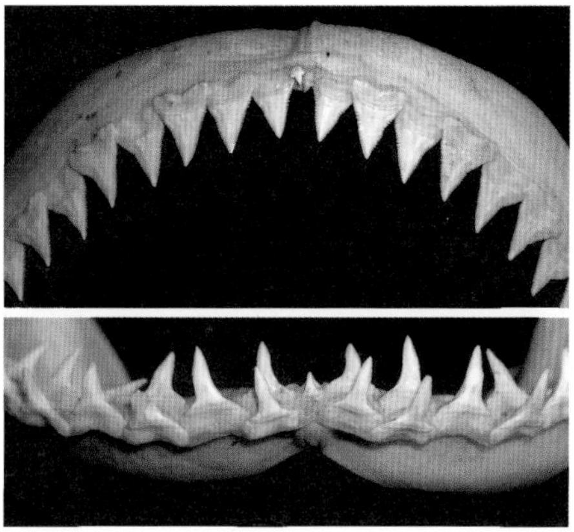

흉상어가의 전형적인 이빨 모양. 위턱은 자르고, 아래턱은 찌른다.

TV에서 흉상어가 먹이 먹는 모습을 본 적이 있을 것이다. 이 가계 상어들은 머리를 흔들면서 먹이를 잡아당기거나 난폭하게 휘두르기도 한다.

흉상어 이빨은 전형적인 '자른다/찌른다'이다. 흉상어가 먹이를 잡아당기면 어떻게 될까? 먹이가 위턱 이빨에 걸려 자연히 잘린다. 여기에다 머리까지 좌우로 흔들면 뼈와 고기가 절단되는 힘은 수십 배가 될 것이다. 이것은 위아래 이빨을 악물면 더욱더 효과적이다.

물어뜯기, 휘두르기 등 이러한 난폭한 '식사' 방법은 위턱에 '자르는' 이빨을 가진 흉상어가 상어들에게는 안성맞춤이다.

돔발상어가

이번에는 아래턱에 '자르는' 이빨이 있는 돔발상어가의 식사 풍경을 상상해 보자. 이 가계 상어들에게 흉상어와 같은 방법으로 먹이를 먹도록 한다면 어떻게 될까? 위턱의 '찌르거나 누르는' 이빨에는 먹이가 단단하게 걸려 버리고, 아래턱의 '자르는' 이빨의 능력은 쓸모없어질 것이다.

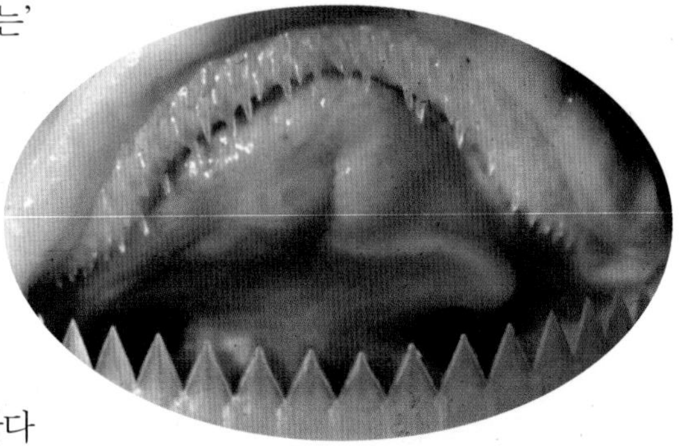

돔발상어가 이빨. 일반적으로 위턱은 찌르고 아래턱은 자른다.

그럼, 아래턱 이빨로 고깃덩어리를 자르려면 어떻게 해야 할까? 돔발상어가의 아래턱 이빨은 흉상어가의 '자르는' 이빨과 상당히 다르다. 밀착된 턱 전체의 이빨들이 늘어서서 하나의 칼처럼 되어 있다. 그 모습은 마치 둥글게 휘어진 톱이 턱뼈에 놓인 것과 같다.

톱으로 나무를 자르려면 톱을 누르면서 힘껏 잡아당겨야 한다. 돔발상어가 상어들도 아래턱 이빨을 이렇게 사용한다. 위턱 이빨로 먹이를 아래턱 이빨에 밀어붙인 뒤 톱질하듯이 옆으로 힘껏 당긴다.

양가의 먹이 먹는 방법이 실제로는 좀 더 복잡하지만, 이빨 모양만으로 상상해 보았다. 먹이 먹는 방법을 더 자세하게 조사한다면 좀 더 재미있는 사실을 알게 될 것 같다.

줄처럼 까칠까칠한 피부, 비늘

까칠까칠한 피부를 '상어살결'이라고 하는데, 그 어원은 까칠까칠한 상어 피부에서 비롯되었다. 상어 살갗을 만져 보면 마치 줄과 같은 느낌이 든다. 그 원인은 '방패비늘(순린)'이라는 상어의 독특한 비늘 때문이다. 이 비늘은 경골어류 비늘과 기원이나 구조가 전혀 다르다.

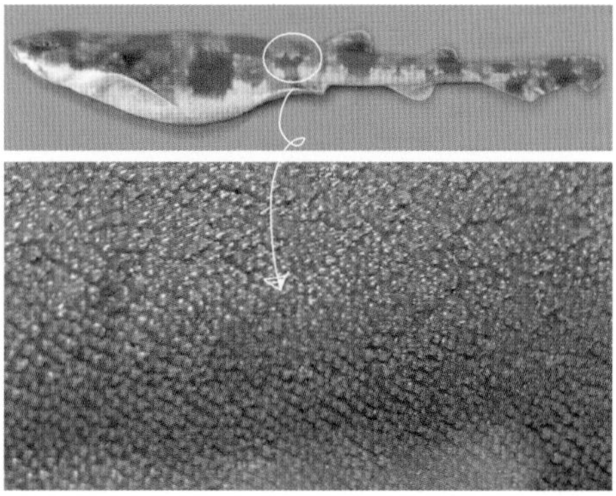

두톱상어 살갗을 확대하면 쇠붙이 연장인 줄이 떠오른다.

방패비늘은 3중 구조다. 바깥쪽은 얇고 딱딱한 에나멜질이고, 그 밑에는 본체인 상아질이 있다. 맨 밑에는 '치수강'이라는 빈 공간이 있는데 여기에 신경이나 혈관이 있다. 이 구조는 사람 이빨과 같아서 상어 몸 전체가 작은 이빨로 덮여 있다고 해도 틀린 말은 아니다. 이 때문에 상어 비늘을 '피부이빨'이라고 부르기도 한다.

비늘의 역할

방패비늘 크기와 모양은 상어 종류 그리고 몸 부위에 따라서 각양각색이다. 비늘 하나하나는 아주 작아서 깨알의 4분의 1 정도이거나 그보다도 더 작다.

전형적인 방패비늘 형태는 '바람에 누운 나뭇잎' 모양으로 상어 살갗에 이러한 작은 잎이 줄지어 있는 상태를 떠올리면 될 것이다. 전형적인 비늘에서는 표면 중앙부와 그 양측에 평행한 융기선이 3~5개 있고, 융기선 사이에 골이 파여 있다. 종류에 따라서는 표면에 아주 작은 오목한 것(凹)이 무수하기도 하다. 이러한 비늘이 몸을 덮어 상어 살갗이 까칠까칠한 것이다. 내가 아는 어떤 어부는 상어가 잡히면, 그 상어 껍질로 배 갑판을 닦는다고 한다. 자기 몸이 솔 대용으로 사용된다는 사실을 알면, 상어 마음이 어떨까.

그럼, 상어 피부의 진정한 역할은 무엇일까?

갑옷

가장 중요한 첫 번째 역할은 몸을 보호하고 적을 방어하는 것이다. 암초나 울퉁불퉁한 산호초에 사는 상어는 몸이 바위나 산호에 스치고 부딪힐 수 있다. 해저에서 온종일 뒹굴뒹굴 쉬는 상어는 기생충이나 다른 적의 공격을 받을 위험성도 높다. 이러한 상어들의 비늘은 하나하나가 크고 단단하며, '갑옷' 역할을 한다.

상어 비늘은 바람에 누운 나뭇잎 모양이다
(프랑스 국립자연사박물관 Samuel P. Iglesias 제공).

빨리 헤엄치기 위한 비밀 병기

두 번째 역할은 헤엄칠 때 물의 저항을 줄이는 것이다. 발이 빠른 사람은 초속 10미터 정도의 속도로 달릴 수 있다. 그러나 이 사람도 물속에서는 제아무리 뛰어도 같은 속도로 뛸 수는 없다. 올림픽 대표 선수가 자유형으로 가장 빠르게 헤엄쳐도 초속 2미터를 넘기기 힘드니 말이다. 그것은 물의 밀도가 공기의 수백 배에 이르러 저항력이 크기 때문이다.

이런 고밀도의 물속을 헤엄치지 않으면 안 되기 때문에, 수중 동물들에게는 헤엄치기 위한 여러 장치가 필요하다. 특히 아주 빠르게 헤엄칠 때는 더욱 그렇다. 그래서 수중 동물들은 근육을 강하게 하거나 강력한 추진 기관을 발달시키는 것은 물론이거니와, 가능한 한 물의 저항을 적게 받는 유선형으로 몸도 변화시킨다.

그러나 몸을 아무리 유선형으로 변화시켜도 헤엄칠 때 몸 주변에 발생하는 복잡한 소용돌이가 속도 내는 걸 방해한다. 몸 표면에 요철이 있다면 그만큼 불필요한 소용돌이가 더 생긴다. 배의 경우 속도를 높이려고 배 바닥에 붙어 있는 그야말로 하찮은 따개비까지 제거하고 따개비가 붙지 못하게 도료까지 칠하는 것을 보면, 물속에서 표면에 붙는 작은 물질이 속도에 어떤 영향을 미치는지 짐작할 수 있다.

저항을 적게 하려면 표면을 가능한 한 매끄럽게 해야 한다. 그런데 까칠까칠한 상어 피부가 헤엄칠 때 저항을 줄인다니, 생각해 보면 앞뒤가 맞지 않는다.

왜 속도가 높아지는 것일까?

앞에서도 말했듯이 비늘 표면에는 골이 여러 개 파여 있다. 앞뒤 비늘은 거의 이어지므로 이 골들이 몸의 앞에서 뒤쪽까지 거의 연결되어 있는 것과 같다. 즉 몸 표면 전체에 수많은 미세한 골이 평행으로 달리고 있는 것이다. 물은 이 골을 따라 흐른다. 그러나 아무리 그렇더라도 비늘 표면과 물이 닿는 부분에서는 최소한의 소

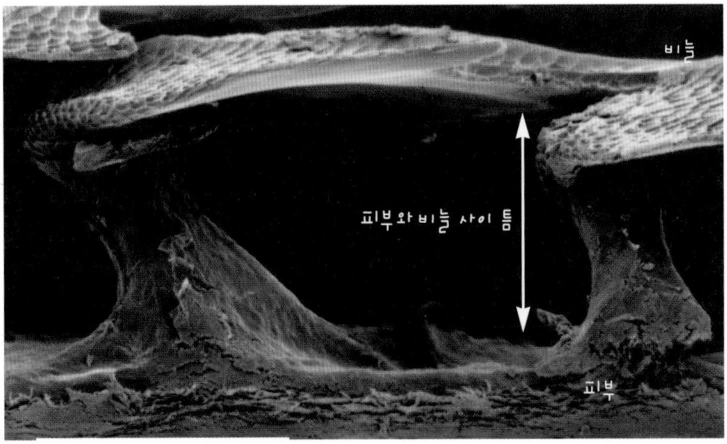

상어가 방패비늘이면서도 물에서 빠르게 헤엄칠 수 있는 건 피부와 비늘 사이가 비어 있어서다(프랑스 국립자연사박물관 Samuel P. Iglesias 제공).

용돌이가 일어날 수밖에 없다. 상어는 이 문제도 깨끗하게 해결한다.

상어 비늘은 빽빽하게 몸 전체를 덮고 있고, 이 비늘과 부드러운 피부 사이에는 틈이 있다. 즉 몸 전체에 이러한 틈이 넓게 퍼져 있다는 뜻이다. 혹 불필요한 공간처럼 여겨질지도 모르지만, 이 공간에 상어가 속도를 높이는 비밀이 숨겨져 있다.

상어가 헤엄치면 물은 비늘 표면의 골을 따라 흐르고, 그때마다 비늘 뒤쪽에서는 작은 소용돌이가 생긴다. 그러나 비늘과 비늘 사이에 있던 이 소용돌이는 비늘 아래에 있는 공간으로 빨려 들어가 버린다. 그 물은 비늘 밑에서 상어의 몸과 함께 움직이기 때문에 더 이상 저항력이 없다.

이상한 수영복

1988년 서울올림픽, 1992년 바르셀로나올림픽, 1996년 애틀랜타올림픽. 수영 종목 대표 선수는 4년에 한 번 있는 이 무대를 목표로 많은 연습을 하면서 몸을 훈련시킨다. 한편에선 수영복 제조업체들이 물의 저항을 줄이기 위한 수영복을 개발하려고 시행착오를 거듭했다.

앞에서도 말한 것처럼 물의 저항을 줄이려면 전체 모양을 유선형에 가깝게 하고, 요철을 가능한 한 줄이며, 표면을 매끄럽게 해야 한다. 이를 위해 수영복 제조업체도 온갖 지식을 동원했다. 그러나 바르셀로나올림픽 즈음엔 이런 노력도 한계에 달했다고 한다.

그런데 시드니올림픽이 열리던 2000년 봄에 기묘한 수영복이 화제가 되었다. 바로 상어 피부를 이용한 수영복이 등장한 것이다.

애틀랜타올림픽이 끝나고 나서 비밀리에 상어 피부 구조를 응용한 수영복 개발이 시작되었다. 이 일을 비밀로 하기 위해 회사는 회사 관계자를 엄선하고, 협력해 줄 수영선수와 감독에게 서명까지 받아 두었다.

연구 결과 깊이 0.1밀리미터, 폭 0.5밀리미터의 골이 파인 구조가 물의 저항을 줄이는 데 가장 효과적이라는 사실을 알아냈다. 이러한 원단으로 만들어진 수영복은 손목에서 발목까지 거의 몸 전체를 덮어 물의 저항을 최소한으로 줄였는데 얼핏 보면 다이빙슈트 같았다. 이 수영복은 기존 수영복보다 7.5퍼센트나 물의 저항을 줄였다고 한다.

이런 노력 덕에 시드니올림픽에서는 메달을 딴 선수 중 절반 이상이 이 상어 피부 수영복을 입었고, 이 올림픽에서 세계신기록도 12개 나왔다. 그런데 이 수영복에는 근육의 변형을 막기 위한 특수한 방법도 적용되어 있기 때문에 전적으로 상어 피부 구조가 속도를 높이는 데 이바지했다고 단정할 수는 없다. 그러나 상어 피부가 속도를 높인 한 원인이었던 것만은 분명하다.

게다가 하나 더 중요한 것이 있다. 비늘 뿌리는 부드러운 피부에 묻혀 있다. 그래서 물의 흐름이 비늘에 힘을 가하면 부드러운 피부가 쿠션 역할을 한다든지 비늘 각도가 물의 저항을 적게 받는 방향으로 미묘하게 변하게도 한다고 생각할 수 있다. 이러한 모든 것이 물의 저항을 줄이는 것은 아닐까?

말이 조금 길어졌는데, 상어 비늘이 물의 저항을 줄이는 원리는 매우 복잡하여 지금까지 완전히 증명된 적은 없다. 여전히 우리는 상어에 대해 모르는 것이 너무 많다.

소음 감소 장치

상어 비늘의 또 하나의 중요한 역할은 불필요한 소음을 없앤다는 것이다. 소용돌이나 난류는 잡음을 발생시킨다. 막대기를 힘껏 휘두르면 윙윙- 소리가 나는 것과 같은 이치다. 물고기 헤엄치는 소리를 수중마이크로 녹음해 보았는데 다른 물고기가 헤엄칠 때는 심한 잡음이 났지만 상어가 헤엄칠 때는 조용했다. 상어의 독특한 비늘 구조가 소용돌이나 난류 등이 내는 불필요한 소음을 지웠기 때문이다.

헤엄칠 때 소음이 안 나는 것도 상어가 생활하는 데 도움을 준다. 즉 '먹이에게 조용히 다가가 한 입에 덥석 무는 것도 상어만의 뛰어난 능력이다.

상어 새끼가 알 속에서 자라면 등의 양쪽에 색다른 '기묘한' 거대비늘이 일렬로 생긴다. 이 비늘 역할을 실제로 자세하게 조사해 본 사람은 없지만, 부화할 때 알 출구를 여는 도구인 것 같다. 하지만 어떤 것은 출구를 못 열어 그대로 알 속에서 굶어 죽기도 하기 때문에 이 분석이 확실한 건 아니다.

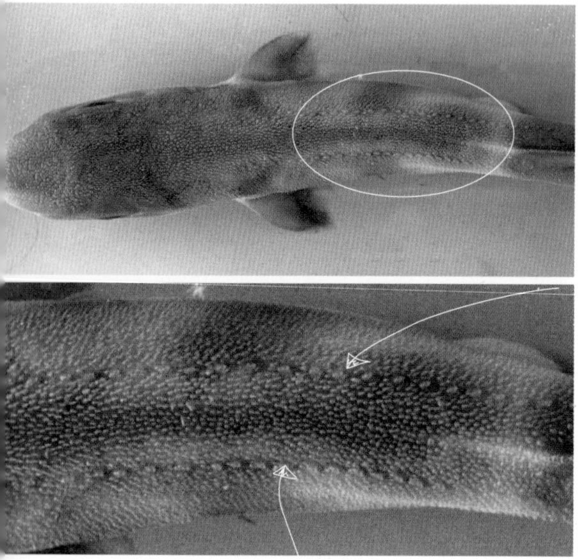

알 속에서 꺼낸 두툽상어류 새끼의 거대비늘.

알의 안쪽은 미끈미끈하고 좁긴 하지만 아늑하다. 그 속에서 새끼 상어는 자주 꼬리지느러미를 흔들면서 운동하는데, 알 속의 물을 움직이거나 바깥에서 신선한 해수를 받아들여 호흡하기 위해서다. 미끈미끈하고 좁은 알 속에서 꼬리지느러미를 움직이려면 몸을 어느 정도 고정시킬 필요도 있다. 거대비늘은 이러한 목적으로도 사용될지 모른다.

이 비늘은 부화된 지 조금 지나면 작아져서, 주위의 다른 비늘과 같아진다. 알 속의 생활에서만 유용한 특수한 비늘인 것이다.

식사 도구

톱상어 주둥이는 가늘고 긴 판자처럼 앞으로 길게 나와 있는데 그 양쪽에는 예리한 가시가 한 줄로 늘어서 있다. 이 모습이 톱과 비슷해서 톱상어란 이름도 얻었다. 하지만 톱상어 주둥이 톱날은 비늘이 변형된 것이다.

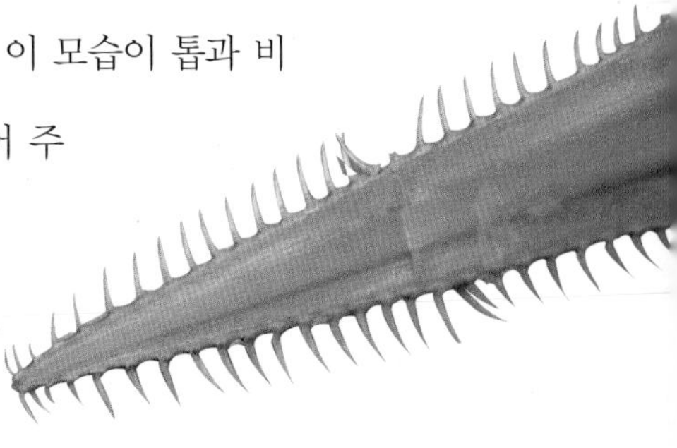

비늘이 변형된 톱상어의 주둥이 톱날.

톱상어는 날카로운 가시가 붙어 있는 그 '톱'을 어디에 사용하는 것일까? 톱처럼 밀고 당겨서 먹이를 쓱싹쓱싹 자르려는 것일까. 아니, 그렇지 않다. 톱상어는 이 '톱'을 앞뒤가 아닌 좌우로 흔든다. 해저 모래나 진흙 속에 넣어 숨어 있는 먹이를 찾아내는 데 쓴다. 그래서 톱상어의 '톱'은 포크나 꼬챙이 역할을 하고, '톱날'은 하나하나가 이빨이다. 특히 톱날은 아주 날카로워서 적을 방어하는 무기도 된다. 톱상어에게 '톱(주둥이)'은 매우 중요한 식사 도구이자 살아가는 데 없어서는 안 될 필수품인 것이다.

기타 등등

그 외에도 비늘은 상어 생활에 여러 가지로 유용하다. 예를 들어 괭이상어나 돔발상어는 등지느러미에 뿔 모양의 두꺼운 가시가 1개 있다. 적을 방어하거나 먹이를 공격할 때 사용할 이 가시도 비늘이 변한 것 같다.

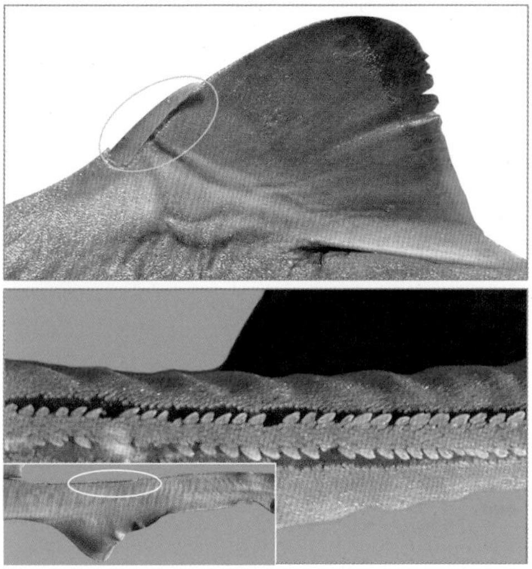

비늘이 기형적으로 변한 예. (위)돔발상어 등지느러미에 있는 가시. (아래)갈레우스 니포넨시스〔*Galeus nipponensis*〕 꼬리지느러미 위의 비늘.

한편 갈레우스 에아스트마니〔*Galeus eastmani*〕, 파르마투루스 필로수스〔*Parmaturus pilosus*〕 등의 꼬리지느러미에도 커다란 독특한 비늘이 있다. 이 비늘은 꼬리지느러미 등쪽 비늘이 변형되어 매우 커진 것이다. 다른 비늘과 확연히 다르기 때문에 어떤 특별한 역할이 있는 것이 틀림없지만, 이것을 조사해 본 사람은 아직 없다. 모양이나 방향으로 미루어 볼 때, 적을 방어하기 위한 것으로 생각된다.

상어 살갗에는 여러 감각기관이 있고, 발광기를 갖고 있는 심해 상어도 있다. 이러한 감각기관이나 발광기관 가까이에 있는 비늘은 모양이 색다른데 두 기관을 돕는 것으로 알려져 있다.

인간은 느낄 수 없는 제6감, 로렌치니병

보고, 듣고, 냄새 맡고, 맛보고, 만지는 것이 오감이다. 상어와 가오리에게는 다른 하나가 더 있다. 이것을 제6감이라고 하는데, 이 감각을 느끼게 하는 기관이 로렌치니병이다. 사람은 이 제6감을 느낄 수 없어 이것이 어떤 것인지 전혀 이해할 수 없다. 로렌치니병이란 이름은 이것을 처음 발견한 17세기 이탈리아 해부학자 로렌치니의 이름에서 비롯되었다.

제6감은 어디에?

로렌치니병은 어디에 있고 어떤 모양일까? 자주 들어보지 못한 이 기관은 상어의 머리 부분, 특히 코끝이나 주둥이 주변에 많다. 하지만 상어 머리를 아무리 살펴보아도 그런 것이 있을 것 같지는 않다. 이름 끝에 '병'이 붙어 있으니 병 모양인데 말이다.

실은 로렌치니병은 피부 안쪽에 있다. 그리고 관 모양의 '통로'로 되어 있다. 상어 머리에는 직경 1밀리미터 정도의 수많은 작은 구멍이 뚫려 있는데 이것이 로렌치니병 입구다. 이 구멍들은 상어 머리에 얼굴을 바짝 대고 보지 않으면 잘 보이지 않는다. 구멍 안에는 젤리 물질이 가득 들어 있어서 피부를 손가락으로 꾹꾹 눌러 보면 젤리와 같은 물질이 나온다. 그 안에는 감각세포도 있다. 이러한 작은 '병'이 상어 머리에 수십, 수백 개가 퍼져 있어서 상어는 사람이 느낄 수 없는 감각도 느끼는 것이다.

자기장 감지

그럼 상어의 제6감은 도대체 어떠한 감각일까? 자기장을 느끼는 능력이다. 상어의 생활과 자기장이 아무 관련이 없을 것 같지만 결코 그렇지 않다. 제6감은 상어의 생사와 관련된 중대한 것이다.

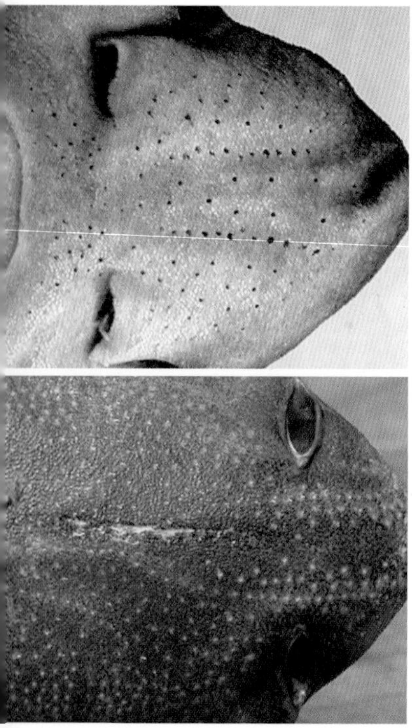

로렌치니병. 인간에게는 없는 특별한 감각기관이다.

살아 있는 동물은 가만히 있을 때도 반드시 어딘가의 근육을 움직이기 때문에 몸 안에 미약하나마 전류도 흐르는데, 이것이 주위에 자기장을 발생시킨다. 상어는 로렌치니병으로 이 자기장을 느낀다. 그래서 보거나 냄새를 맡지 않고도 모래 속이나 탁한 물속에 있는 먹이를 이 자기장만으로 찾아낼 수 있다.

귀상어는 머리가 넓적한 데다 양 옆으로 길게 늘어져 있어 로렌치니병도 넓게 분포돼 있다. 그래서 다른 상어에 비해 제6감이 더 발달했다. 진흙이나 모래 속 물고기는 자기의 몸이 완전히 숨겨졌다고 생각하겠지만, 귀상어에게는 완전히 노출된 것이나 다름없다. 머리를 흔들며 모래 속에 숨어 있는 먹이를 찾아내는 귀상어 모습은 금속탐지기로 분실물을 찾는 것처럼 보인다.

그렇지만 귀상어가 어처구니없는 실수를 저지르는 경우도 있다. 예를 들어, 해저 케이블의 자기장을 먹이에서 나오는 것으로 잘못 알고 덥석 물어 버리는 것이다. 그러면 느닷없이 전화나 컴퓨터가 불통이 되어 버린다. 원인을 조사하려고 끌어올린 케이블에는 어김없이 상어 이빨 자국이 나 있다. 이 경우 수리비가 만만치 않다. 상어의 제6감 때문에 통신회사는 울며 겨자 먹기 식으로 생각지도 않은 지출을 하게 되는 것이다.

몸 안의 나침반

제6감은 먹이 찾는 능력 이외에 더욱더 훌륭한 기능을 가진다. 로렌치니병은 자기장의 강약뿐만 아니라 방향까지도 감지할 수 있는 것이다.

가오리를 이용한 유명한 실험이 있다. 인공적으로 자기장을 만들어 동서남북을 정한 후, 동쪽 구역에 들어오면 먹이를, 서쪽에 들어오면 벌 주는 것을 반복했다. 가오리가 동쪽을 정확히 기억했

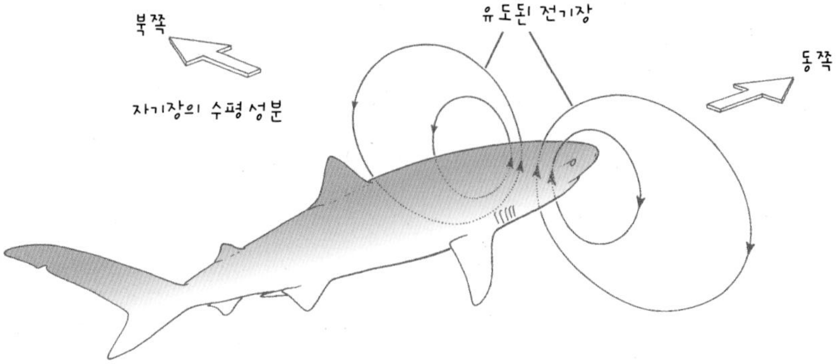

상어가 방향을 분간할 수 있는 것도 제6감 때문이다(Springer & Gold, 1992).

다고 생각할 즈음, 동서남북을 바꾸어 놓았는데 신기하게도 가오리는 새로운 동쪽 구역(예전의 서쪽)으로 이동했다. 결국 가오리는 정확하게 방향을 알고 있었던 것이다.

왜 자기장을 감지하는 것이 도움이 될까? 지구 어디에서나 나침반 바늘은 북쪽을 가리킨다. 지구 자체가 하나의 거대한 자석이기 때문에 자기장이 지구 전체를 덮고 있는 것이다. 그러므로 물속이라고 해서 예외는 아니다. 상어 몸 안에는 미약한 전류가 흘러 상어 주위에도 자기장이 생긴다. 이 자기장은 지구 자기장의 영향을 받는데 지구 자기장과 같은 방향으로 계속 가면 같은 느낌이 계속된다. 그러다 방향을 바꾸면 느낌도 달라져 방향이 바뀌었음을 아는 것이다. 이러한 사실로 미루어 보아 상어는 나침반을 가지고 태어나는 것 같고, 드넓은 바다에서 먼 곳을 돌아다닐 때 이 제6감이 매우 유용하다.

로렌치니병에 대해서는 아직도 알려지지 않은 것이 더 많다. 나침반 역할도 확실히 증명된 것은 아니므로 앞으로 더 새로운 사실을 밝혀내야 한다.

5장 상어 피해

상어 피해라고 하면 먼저 떠오르는 것이 사람과 배를 공격하는 것이다. 그러나 낚싯바늘에 걸린 참치를 가로챈다든지, 양식장 물고기를 먹어 치운다든지, 해저 케이블을 물어뜯는다든지, 어구를 부순다든지 하는 피해들도 많다. 이처럼 여러 가지 피해가 있지만, 여기서는 사람과 배에 대한 것만 이야기하자.

상어는 위험하다?

사람들은 모든 상어를 대단히 위험한 동물이라고 생각하는 것 같다. 그러나 그것은 잘못된 생각이다. 대부분 상어는 사람을 보면 일단 도망친다. 그렇다고 상어에게 피헤 입을 가능성이 전혀 없다는 말은 아니다. 그렇다면 상어는 얼마나 위험한 동물일까? 상어 사고와 다른 사고를 비교한 조사 결과에 따르면, 사람이 상어에게 공격받아 죽을 확률은 번개에 맞아 죽을 확률의 30분의 1이고, 상어에게 물리는 사고는 말벌에 쏘이거나 뱀에 물리는 사고보다도 훨씬 적다고 한다.

그래도 신경 쓰인다. 상어의 공격을 받아 죽은 사람은 세계에서 1년에 10명 안팎. 그러나 아시아와 아프리카, 남미 등지의 국가에서는 피해 정보가 거의 없었으므로 정확한 수치는 아니다.

한국에서는 상어 사고로 1959년부터 2006년까지 7건이 정식으로 보고되었다.

증가하는 상어 사고

상어로 인한 사고가 나날이 증가하고 있다. 그 한 원인은 세계적인 인구 증가에 있다. 사람이 많아질수록 바다를 찾는 사람도 많아지니 상어를 만날 확률도 높아진다. 말하자면 자연적인 결과인 것이다.

또 다른 원인은 스쿠버다이빙과 서핑, 카약 등의 해양스포츠를 즐기는 사람들이 늘어난 데 있다. 사고 통계를 보면 다이버나 서퍼

등이 공격당하는 사례가 지속적으로 늘고 있다. 최근에는 사고 당한 사람의 60퍼센트 이상이 다이버나 서퍼로 조사되었다. 이렇게 보면 사고를 증가시킨 원인이 사람들에게 있는 것처럼 보이지만 이와 반대되는 의견을 제시하는 사람들도 있다.

2001년. 이 해에는 미국 플로리다 주 등에서 상어 사고가 많이 발생하여 신문이나 TV 등에 자주 보도된 바 있다. 특히 플로리다에서는 다른 해역의 2배 이상이나 발생하였다. 이 일에 대해서 방송 매체에게서 질문을 받은 적도 있는데 나도 그 이유가 궁금했다. 당시 나는 해류가 바뀌어 상어가 연안 가까이에 나타난 것이 아닌가 단순하게 생각했다.

미국에서는 1990년대 초반부터 상어보호운동이 활발해졌다. 플로리다 주에서도 1992년부터 상어잡이를 금지했다. 그 결과 미국 전체 상어 어획량이 무려 10분의 1까지 격감했다. 반면 상어로 인한 사고는 2~3배 증가했다.

상어 어획량이 이전의 10분의 1이라는 말은 10분의 9의 상어가 더 살아남았다는 뜻이다. 이것이 상어 증가로 이어진 것이다. 해양 스포츠를 즐기는 사람들과 상어가 늘어나면 사람과 상어가 만날 확률도 높아진다. 그러면 자연히 사고도 많아진다. 그러므로 사고가 계속 증가하는 원인은 사람과 상어 모두에게 있는 것이다.

세계의 피해

상어 피해는 국제상어피해목록(ISAF)에 등록되는데 여기에는 사고를 일으킨 상어 종류와 사고 원인이 분석되어 있다. 이 목록은 인터넷에도 공개되어 있다.

국제상어피해목록은 미국 해군이 작성하기 시작했다. 제2차 세계대전 때 배가 가라앉거나 비행기가 바다에 불시착했을 때 바다 위에 떠 있던 군인들이 종종 상어의 공격을 받았다. 이 때문에 상어를 물리치는 방법을 연구하는 상어대책전문위원회가 조직되었고, 이 위원회에서 모은 자료들이 국제상어피해목록의 출발점이 되었다. 현재 이 목록은 미국판새어류학회에 소속되어 플로리다대학교 자연사박물관에서 관리하고 있다.

상어 피해가 발생하면 한국에서는 주로 해양경찰이 나서서 조사한다. 일본에서도 해상보안부나 경찰이 피해 상황을 조사하고, 때에 따라서는 상어 전문가가 조사에 협조하기도 한다. 조사 결과가 나오면 담당 부서의 일은 끝나지만, 상어 전문가는 이 결과를 국제상어피해목록에 보고한다. 나도 몇 번인가 조사에 참여하여 국제상어피해목록에 자세히 사고 내용을 보고한 적이 있다. 한국의 상어 피해도 최윤 박사(군산대 교수)와 공동으로 1959년부터 1996년까지 발생한 6건을 국제상어피해목록에 등록했다. 2005년 6월에 서해안에서 발생한 사고도 곧 등록할 예정이다.

그러나 어떤 나라에서는 상어 피해가 있어도 사람 눈에 띄지 않아 보고되지 않은 경우도 있고, 나라에 따라서는 나쁜 소문이 나도는 것이 걱정돼 발표하지 않는 경우도 있다. 따라서 이 목록이 얼마만큼 상어 피해 실태를 나타내는지는 잘 모른다. 그럼에도 불구하고 현재로서는 세계에서 가장 신뢰할 수 있는 데이터베이스임에는 분명하다.

국제상어피해목록에 따르면, 최근에는 1년에 70~100건의 사고가 있었고 그중 5~15명이 죽었다고 한다. 그러나 앞에서 말한 것처럼 사고가 생겨도 모른다든지 보고되지 않는 경우도 많아서 정확한 통계라고 단정할 수는 없다. 선진국에서조차 상어 피해 정보가 기록된 것이 최근이고, 일본은 1990년, 한국은 2002년에 정식으로 보고되었다.

국제상어피해목록 내용을 좀 더 구체적으로 살펴보자.

국제상어피해목록에는 1580년부터 현재까지 3900건이 넘게 기록돼 있다. 2004년까지 확인된 자연피해 수는 1969건인데, 이 중 4분의 1인 464건이 사망 사고다.

상어 피해 사례가 가장 많은 곳은 미국으로 761건(사망 39건)이었다. 그리고 오스트레일리아 294건(사망 134건), 아프리카 264건

(사망 69건), 하와이를 포함한 태평양에 있는 섬들 214건(사망 62건) 순이었다.

아시아는 다섯 번째에 해당되는데, 피해 총수 116건 중 55건이 사망 사고다. 아시아 중에서는 이란이 가장 많은 23건(사망 8건)이고, 필리핀(사망 6건), 홍콩(사망 11건), 인도(사망 5건), 일본(사망 8건) 순이었다.

그런데 내가 가지고 있는 자료에 따르면 일본에서는 2006년까지 29건, 그중 16건이 사망 사고였다. 국제상어피해목록 자료와 수치가 다른 건 여전히 기록되지 않은 사고가 있다는 의미다.

한편 조선 후기 정조 때의 역사서인 한치윤의 『해동역사』를 보면 "5월 이후에는 바다 속에 큰 물고기가 있어 사람을 해치므로 이때에는 바다에 들어가지 말아야 한다"고 기록되어 있는데 한국에도 상어로 인한 인명 피해가 예전부터 있었음을 말해 주는 대목이다.

최근 세계의 피해 상황은 어떨까? 2005년의 자연피해 수는 58건, 그중 사망이 4건이다. 2004년은 65건 중 7건, 2003년은 57건 중 4건, 2002년은 63건 중 3건, 2001년은 68건 중 4건, 2000년은 78건 중 11건, 1999년에는 58건 중 4건이 사망이다.

앞에서 말했듯이 피해의 실제 수를 측정하기는 좀 어렵지만, 한 번 추정해 보자. 국제상어피해목록에 기록된 최근 상어 공격 수는 연간 50~80건이다. 이 숫자를 기준으로 단순하게 계산해 보면,

1580년부터 현재(2006년)까지 427년 동안 상어 공격의 횟수는 21,350~34,160건이다. 그런데 목록에 기록된 것은 고작 4000건뿐이므로 계산상 차이가 크다는 것을 알 수 있다. 아직도 많은 사고가 베일 속에 가려져 있는 것이다.

한국의 피해

2002년에 나와 최윤 교수가 조사한 바에 따르면, 한국에서는 1959년부터 1996년 사이에 전북 군산과 충남 보령의 난바다에서 6건의 상어 피해가 있었다. 피해자 6명은 모두 숨졌는데, 그중 5명은 조개잡이 프로다이버였다. 아직 국제상어피해목록에 등록되지 않은 1건은 2005년 6월 13일 충남 태안군 가의도 해역에서 발생하였다. 이날 공격당한 사람은 전복을 채취하던 해녀로 다리를 물렸지만, 사고 즉시 병원으로 옮겨 다행히 목숨은 건졌다. 한국의 상어 피해자 중 유일하게 목숨을 건진 경우다.

그렇다면 상어는 주로 어떤 사람들을 공격할까? 가장 많은 경우가 해수욕이나 서핑하던 사람들이었는데 한 예로 2005년 사고는 54퍼센트가 서핑, 37퍼센트가 해수욕 중에 일어났다. 2004년은 39퍼센트가 서핑, 41퍼센트가 해수욕, 2000년부터 2003년에는

40~60퍼센트가 서핑, 20~40퍼센트가 해수욕 중에 피해가 발생했다. 스노클링 중에 공격당한 것은 매년 3위로, 전체의 20퍼센트 정도에 지나지 않았다.

사람을 공격하는 상어는?

국제연합식량농업기구(FAO) 출판물에 따르면, 사람이나 보트를 공격한 상어는 27종인데, 이것은 전체 상어(약 400종)의 7퍼센트 정도에 지나지 않는 수이다. 게다가 목격되지는 않았지만, 공격할 가능성이 있는 12종까지 합해도 상어 전체의 10분의 1에 불과하다.

그러면 어떠한 상어가 위험한 것일까? 최근 국제상어피해목록에는 1580년에서 2005년까지 상어별 공격 기록표가 있다. 이 표에 따르면 사람과 배를 가장 많이 공격한 것이 백상아리다. 백상아리로 인한 피해 총수는 410건. 이 중 87건이 배 공격이고, 자연피해 224건 중 63건이 사망이었다. 2위는 뱀상어로 피해 총수 141건 중 배 공격이 10건, 자연피해 84건 중 사망이 28건이었다.

두 상어를 비교해 보면, 백상아리는 뱀상어보다 피해 총수가 약 3배이고, 배 공격 수는 8배, 사람을 죽인 수는 2배 이상이다. 이러한 차이만으로도 백상아리가 어느 정도 위험한지 알 수 있다.

3위는 큰흉상어(흉상어 무리로 흉상어보다는 크다)다. 이 상어로 인한 피해 총수는 103건, 이 중 4건이 배 공격이고, 자연피해 71건 중 22건이 사망이었다. 흉상어류 중에서도 큰흉상어는 특히 난폭하다. 일본의 오키나와 추라우미 수족관에서 이 상어를 몇 마리 오랫동안 사육하면서 관찰했는데, 큰흉상어의 사나운 식습관은 다른 흉상어류와 비교조차도 할 수 없었다고 한다.

공격 기록표에는 큰흉상어가 3위로 되어 있지만 긴급한 상황에서 자신을 공격하는 상어가 어떤 종류인지 구분하기는 어렵다. 특히 큰흉상어가 속한 흉상어과 상어에는 닮은 상어들이 30여 종이나 있어 구별하기가 더 어렵다. 표에는 흉상어류 이름이 15종 정도 올라 있는데 어디까지 믿어야 할지는 알 수 없다.

공격 기록표에서 흉상어류만 묶으면 피해 총수는 310건, 이 중 배 공격이 9건, 자연피해 195건 중 사망이 34건이다. 이러한 수치는 백상아리보다는 작지만, 뱀상어보다는 훨씬 많은 것이다. 그래서 흉상어류는 한 종이 아닌 '그룹으로서' 상당히 위험한 상어류라고 할 수 있다. 한국의 코엑스아쿠아리움에도 호주에서 온 흉상어가 몇 종 있는데, 이 중 한두 종은 비교적 위험하다.

4위는 카르카리아스 타우루스〔*Carcharias taurus*〕이다. 이 상어로 인한 피해 특징은 사람이 먼저 '건드려'서 공격당한 사례가 많다는 것이다. '건드린다'는 것이 무슨 뜻일까. 상어는 야행성으로, 낮에는 주로 해저 동굴이나 조류가 약한 곳에서 천천히 헤엄치면서 쉰다. 다이버가 다가가도 별 신경 쓰지 않는다. 그런데 '얌전한' 이 상어가 사람들 눈앞을 지날 때 문제가 생긴다. 다이버들이 잠시 만져 보고 싶은 충동에 빠지는 것이다. 이 상어로 인한 사고의 약 4분의 1이 이런 부주의로 발생했다. 수염상어류도 이 경우에 속한다. 보통 이러한 종류의 상어는 해저에 가만히 있거나 조용히 헤엄치고 있어서 무척 순해 보이는데, 순한 상어도 건드리면 공격하므로 조심해야 한다. 위험한 상어 3종만 간단히 알아보자.

백상아리

형태적 특징

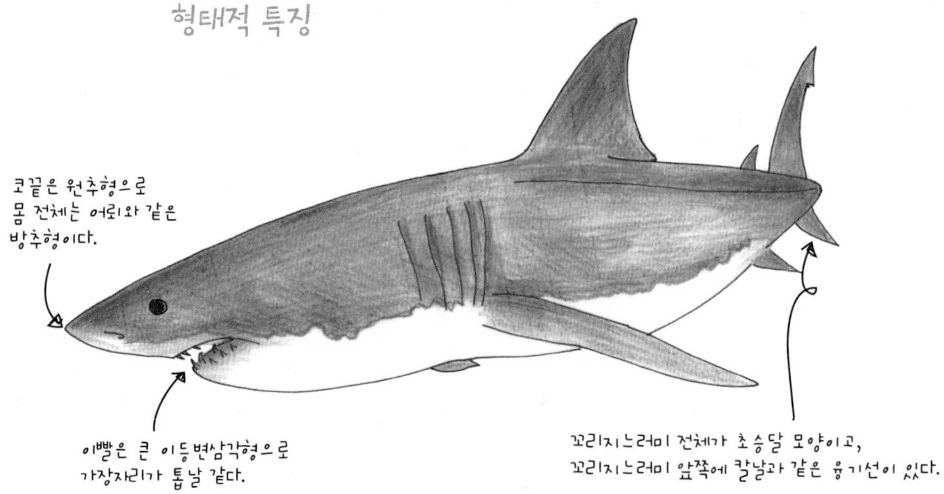

분포와 생태

지구의 가장 북쪽 해역까지 분포한다. 한국에서는 전북 군산과 충남 보령, 인천 근해에서 주로 5 · 6월에, 남해안(여수)에서는 4월에, 동해안에서는 3월부터 11월 사이에 출현한다. 어미는 바다표범, 물개, 돌고래 등 몸집이 큰 포유류를 즐겨 먹는다. 어미의 최대 몸길이는 약 6미터.

뱀상어

형태적 특징

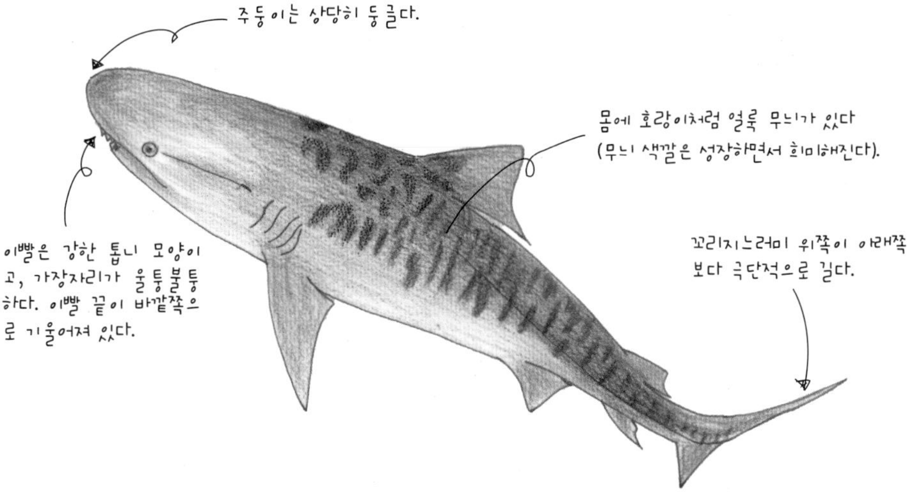

분포와 생태

온열대 해역 연안에 산다. 한국에서는 남해안에 분포하는 것으로 알려져 있으나 자주 볼 수는 없다. 주로 밤에 활동한다.
물고기나 거북이는 물론, 소화시킬 수 없는 빈 통조림통, 천, 비닐봉투, 목재도 위 속에서 발견된 것으로 미루어 보아 식탐이 강한 것 같다. 어미는 7미터 이상 자란다.

큰흉상어

형태적 특징

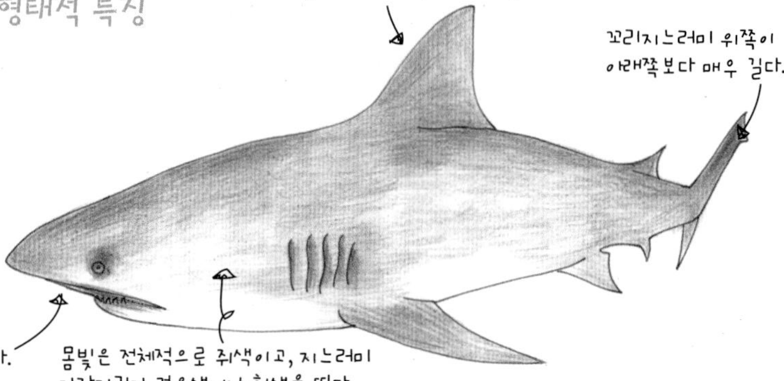

분포와 생태

큰흉상어는 열대와 아열대성 상어로, 한국에서는 출현한 적이 없다. 무태상어, 흰뺨상어, 흉상어, 검은꼬리상어 등 흉상어류 4종이 알려져 있으나, 이것들은 소형 상어라 위험하지는 않다.

산호초 등에서 물고기를 작살로 찔러 피를 흘려보내면 흉상어류가 접근해 오는 경우가 있는데, 이때 작은 상어라 하더라도 이빨이 날카로워 물리면 큰 상처를 입는다. 따라서 상어는 늘 조심해야 한다.

큰흉상어는 흉상어류 중에서도 가장 난폭하기로 소문나 있다. 연안에 출현할 뿐만 아니라 담수에도 아무렇지 않게 들어갈 수 있으므로 큰 강을 거슬러 올라오거나 상류 호수에서 생활하는 경우도 있다. 강에서 상어에게 당한 외국 사례의 범인도 바로 큰흉상어다.

위험한 상어 알아보는 법

위험한 상어는 전체의 10분의 1에 불과하지만, 바다 속 어디서든 마주칠 가능성은 있다. 한국에서는 제주도와 울릉도, 서해안에서 상어를 종종 볼 수 있는데 상어와 마주치면 대부분 "앗!" 하고 외마디 비명을 지르곤 달아나기 바쁠 것이다. 위험한 상어가 적어 그리할 필요는 없지만 일반인들은 위험한 상어를 구별해 내기 어렵고 게다가 물속에서는 더욱 식별이 어려우니 그럴 만도 하다.

그럼 어떤 상어들이 위험한가? 일단 '이리저리 능숙하게 헤엄치면서 활발하게 움직이는 상어는 위험하다'고 생각하면 된다. 이런 상어가 있다면 바로 물에서 나와야 한다. 몸길이 1미터 정도의 작은 상어도 방심해서는 안 된다. 작은 상어라고 무시한 채 계속 작살질하다 상어 무리에 둘러싸이는 아주 끔찍한 경험을 한 친구가 있다. 작은 상어도 치명적인 상처를 입힐 수 있다는 사실을 명심하자.

'해저에 가만히 멈추어 있는 상어'는 이리저리 헤엄치는 상어보다는 안전하다. 하지만 다이버 행동에 따라 얌전하던 상어도 갑자기 사나워지는 경우가 있으므로 그냥 보기만 해야 한다.

수면 위에서 해수욕이나 서핑을 하는 사람들은 상어가 가까이

와도 눈치 채기 어렵다. 설령 보이더라도 등지느러미나 꼬리지느러미 끝부분에 불과해, 그것만으로는 위험한 상어인지 아닌지 구별할 수 없다. 그러나 이러한 상어는 대개 '이리저리 활발하게 헤엄쳐 다니는 상어'이기 때문에, 이러한 상어가 나타나면 곧바로 육지로 올라와야 한다.

한국의 백상아리 공포

1992년 일본의 백상아리 악몽이 한국에서는 1996년에 있었다. 1995년 5월에 충남 보령의 장고도리 앞에서 전복을 캐던 해녀가 상어에 물려 죽고, 1996년 5월에도 인근 해역인 전북 군산시 연도 앞바다에서 키조개를 채취하던 잠수부가 상어에 물려 죽었다. 그뿐만 아니라 어선 그물에 잡힌 대형 상어도 이 해에 유난히 많았다. 서해안 어민들에게 상어는 공포의 대상이 되었다.

보령을 비롯해 서해안 해수욕장에서 상업에 종사하는 사람들도 불안하기는 마찬가지였다. 그러나 당시만 해도 한국에는 상어 전문가가 없었기 때문에 범인 상어를 정확히 밝히는 것에 조심스러워 했다. 이 무렵부터 서해안 상어 출현은 사회적인 문제로 대두되었고, 최윤 박사와 나는 사고를 정확히 조사해 이 범인 역시 백상아리임을 분명히 했다. 1996년을 마지막으로 한국에서 상어로 인한 사망 사고는 없었다.

그러다 2005년 6월 충남 태안군 가의도 해역에서 해녀가 상어에게 공격당하는 사고가 다시 발생하여 상어에 대한 공포가 되살아났다. 또 비록 사고는 없었더라도 1996년 이후에도 한국의 전 연안에서 백상아리들이 한두 마리씩 잡히고 있기 때문에 잠수 어업을 하는 사람들에게 백상아리의 공포는 끊이지 않고 있다.

"조스가 또 나타났다"
서해 식인상어 공포
59년 첫희생… 이번이 6번째
海水 난류로 바뀌는 5월 집중출현
수산청 잠수금지 당부
키조개채취 어부 사망
西海에 또 食人상어
조개잡던 漁夫물려 사망
서해안에 또 식인상어
군산 연도부근서 잠수부1명 피투성인채 떠올라
5m 크기…59년 첫 출현 6명째 목숨 빼앗아가

한국에도 상어가 곧잘 출몰해 어민들이 공포에 떨고 있다.

상어를 만나면 어떻게 해야 할까?

나는 '상어는 그렇게 무서운 동물이 아니'라고 말하면서도 상어 사고가 늘어나고 있다고 겁 주듯이 말해 왔다. 하지만 둘 다 사실이기 때문에 어쩔 수가 없다.

바다에서 헤엄치거나 다이빙, 서핑 등 해양스포츠를 즐기는 사람이 있는 한, 사람과 상어의 충돌은 숙명적이다. 이 충돌은 사람 쪽에서 피하는 방법밖에 없다. '위험하니까 죽여 버리자'는 과격한(?) 생각은 통하지 않는다. 지금은 지구상에 있는 모든 동물과 공존을 꾀해야 할 시대. 그러므로 백상아리도 지구의 한 동반자로서 보호받아야 한다.

바다는 원래 상어들의 세계. 우리 인간들은 그들이 사는 곳을 찾는 방문객이다. 바다에 관한 지식도 없이 무방비 상태로 바다에 뛰어드는 다이버나 서퍼도 있는데, 최소한의 지식은 미리 알고 있어야 한다.

상어는 이렇게 공격한다

최근 연구에 따르면 상어의 공격에는 세 가지 패턴이 있다. 상어 사고를 막기 위해서는 우선 이것을 알아 두어야 한다.

첫 번째 공격 패턴은 이름 하여 '물었다 놓고 달아나기'. 상어 공격 가운데 가장 많은 이 패턴은 파도가 이는 해변에서 주로 일어나며, 피해자는 주로 해수욕객이나 서퍼다. 상어는 모습도 보이지 않은 채 한 번 사람을 물었다 놓고는 바로 어디론가 사라져 버린다. 이런 단순한 행동의 원인을 '상어의 판단착오'라고 한다. 즉 해변과 같은 장소는 물이 탁해 멀리 볼 수 없으므로, 상어는 일단 평소처럼 먹이인 줄 알고 문다는 것이다. 그런데 아무래도 느낌이 이상하거나 한입에 물기에 너무 크다고 느끼면 '아니…, 이건 아니야'라며 뱉어 버리는 것 같다. 이 사고에서는 죽는 경우는 드물고 가볍게 물리는 것으로 끝나는 경우가 많다. 그러나 상어에게 맛보도록 했다는 점에서 피해자 입장에서는 상당히 기분 나쁜 일일 것이다.

두 번째 공격 패턴은 '충돌 물어뜯기', 세 번째는 '몰래 다가서기'다. 두 공격은 치명적이다. 피해자는 다이버나 연안에서 수영하는 사람이 많다. '충돌 물어뜯기'는 물어뜯기 전에 공격 대상자 주변을 돈다든지 몸에 부딪힌다. 따라서 사람이 이러한 상어의 공격 의도를 눈치 채면, 상어를 피할 시간적 여유를 가지고 대책을 세울 수도 있다. '몰래 다가서기'에서는 대처 방법이 없는데 상어가 숨었다가 갑자기 다가와서 물어뜯기 때문이다. 이 두 공격에서 상어는 눈앞에 있는 먹이를 먹으려고 공격하는 것이기 때문에 몇 번이고 공격한다. 이로 인해 피해자는 상처를 크게 입고 죽음에 이르는 경우도 많다.

상어는 이렇게 느낀다

상어 사고를 막기 위해서는 또 하나 상어에 대해서 알아 둘 것이 있다. 그것은 상어가 먹이 있는 곳을 어떻게 알고 찾아가느냐 하는 것이다.

상어는 여러 가지 감각기관을 이용해서 바다 속에 지각의 그물을 펼쳐 둔다. 먹이를 찾을 때 가장 먼저 사용하는 감각이 청각이다. 즉 상어는 소리에 의지하는데 수면에서 철벅거리는 소리 등을 듣고 먹이가 있다는 것을 알게 된다. 수영장 안에서 금속을 부딪치면 반대쪽에서도 "통통–" 하는 소리를 들을 수 있는 것처럼 말이다. 물속에서는 공기 중에서보다 소리가 더 잘 전달된다. 소리는 공기 중에서는 1초에 약 350미터밖에 전해지지 않지만, 수중에서는 1400미터나 전해진다. 물속이 육상에 비해 4배나 빨리 전달된다는 뜻이다. 그리고 사방팔방으로 소리가 퍼져 어디에서도 들을 수 있다.

사람은 감각적으로 알 수 없지만, 상어는 '맛있는 소리'와 '맛없는 소리'를 구별한다. '맛있는 소리'는 불규칙적인 낮은 음으로, 예를 들어 작살에 찔린 물고기가 퍼덕이는 소리는 '군침'이 도는 맛있는 소리다. 그러나 배의 엔진음과 같은 규칙적인 소리 즉, 맛없는 소리에는 전혀 관심을 보이지 않는다. 맛있을 것 같은 소리를 들으면 상어는 소리 나는 곳으로 향한다. 먹이가 가까워져 먹이에서 흘러나오는 냄새를 맡으면 좀 더 가까이 먹이에게 다가간다. 더 가까워지면 측선을 이용해 먹이의 움직임에서 나오는 '진동'도 느낀다.

이윽고 '맛있을 것 같은 먹이'가 시야에 들어온다. 먹이에 화려하거나 반짝반짝 빛나는 것이 붙어 있다면 상어는 그것만으로도 간단히 먹이를 발견할 수 있다. 그리고 그 주위를 돌며 먹을 수 있는 것인지 아닌지, 먹고 싶은 것인지 아닌지를 천천히 살핀다.

하지만 가까이 다가가도 물이 탁해서 먹이가 보이지 않는 경우도 있다. 그럴 때 상어는 강력한 비밀 병기를 사용한다. 앞에서도 말한 로렌치니병이다. 이것으로 사람은 느낄 수 없는 자기력선을 감지한다. 소리나 진동 그리고 냄새에 이어 자기력선으로도 먹이를 찾아내는 것이다.

상어에겐 이렇게 해야 한다

그러면 상어 사고를 막기 위해서 사람은 어떻게 하면 좋을까? 그 답은 매우 간단하다. 바다에 그물을 쳐 놓고 그 안에 들어가는 것이다. 그러면 사고는 절대로 일어나지 않는다. 그러나 그물 안에서만 헤엄치는 것은 영 재미가 없다. 그물 바깥에는 아름다운 산호초를 비롯해 웅대한 자연이 펼쳐져 있기 때문이다.

그러면 사고를 당하지 않고 바다의 신비를 즐기려면 어떻게 해야 할까? 상어에게 가까이 가지 않을 것, 상어가 가까이 오지 못하게 할 것, 상어에게서 떨어져 있을 것 그리고 상어를 그냥 내버려 둘 것…이라고 말한다면 별로 도움이 되지 않을 것이다. 그럼 좀 더 구체적인 방법을 알아보자.

상어 사고를 막기 위한 많은 방법이 고안되었지만, 유감스럽게도 100퍼센트 안전한 것은 없다. 그나마 안전한 방법은 앞에서 말한 상어의 공격 패턴과 지각 과정을 잘 이해하고 다음 몇 가지 사항을 지키는 것이다.

위험한 곳에서는 수영하지 않는다

대형 상어가 자주 출현하는 장소, 최근 거대한 상어가 있었던 곳, 갑자기 깊어져 해수 흐름이 빠른 곳 등은 위험하다. 이러한 장소에서는 위험한 상어를 만날 확률이 높으니 수영하지 말아야 한다. 어쩔 수 없이 물에 들어가는 경우에도 상어가 있을지 모른다는 사실을 충분히 염두에 두어야 한다.

상어가 모이지 않게 한다

안전한 장소에서도 상어가 모이게 해서는 안 된다. 상어가 모일 만한 '맛있을 것 같은' 소리나 진동, 냄새를 가능한 한 만들지 않는다. 그리고 상어의 시선을 유혹할 만한 것을 몸에 지니지 않는다.

뛰어다니거나 철퍼덕거리는 소리는 상어를 유혹하는 소리다. 피가 흐르는 상태로 물에 들어간다든지, 작살로 잡은 물고기를 물속에서 갖고 다닌다든지, 물고기 내장이나 물고기 씻은 물 등을 버리는 것은 상어를 모으려고 미끼를 뿌리는 것이나 다름없으니, 삼가야 한다.

반짝반짝 빛나는 목걸이나 귀걸이, 색깔 대비가 강한 수영복 등도 눈에 띄기 때문에, 가능한 한 착용하지 않는 게 좋다.

상어를 빨리 발견한다

물에서 상어가 헤엄치고 있는지 없는지 살펴본다. 만약 상어가 있다면 바로 물에서 나와야 한다. 상어가 뒤에 있거나 주위를 돌 때는 당신을 공격하려는 의도니 위험한 상황이다. 상어가 더 빨리 헤엄치거나 몸을 구부리면서 다가오면 더욱더 위급한 상황. 이때는 물에서 나와야 한다. 만에 하나 상어가 가까이 왔다면 상어를 주시하면서 기회를 노려, 가지고 있던 것으로 상어를 격퇴하는 수밖에 없다. 이러한 막다른 상황에 몰리지 않도록 빨리 상어를 발견하고 멀어져야만 한다.

물이 탁할 때나 밤에는 상어를 발견하는 것이 늦어 미처 손을 쓸 수 없는 경우가 많다.

손으로 만지지 않는다

상어가 작다고 해서 건드리거나, 얌전할 것 같다고 해서 만지거나 하면 생각지도 못한 반격을 당할지도 모른다. 이런 이유로 일어난 사고가 의외로 많다.

잠수는 두세 명이 함께한다

상어 외에도 잠수할 때는 다른 사고들이 일어날 수 있으니 2~3명이 조를 이루어 잠수하는 것이 철칙이다. 또 상어의 공격을 받으면 과다 출혈로 사망하는 경우가 많기 때문에 도움받을 동료가 꼭 필요하다. 실제로 외국에서는 상어에게 물려서 치명적인 상처를 입고도 동료의 도움으로 살아난 경우가 많다.

이러한 여러 방법이 있는데도 한국 서해 연안의 잠수부들에게는 두세 명이 함께 잠수하는 방법만 도움이 된다. 서해안은 5미터 앞의 물체도 식별하기 어려울 정도로 탁해서 해산물 채취에 열중하다 보면 상어가 공격하기 직전까지도 알아차리기 어렵기 때문이다.

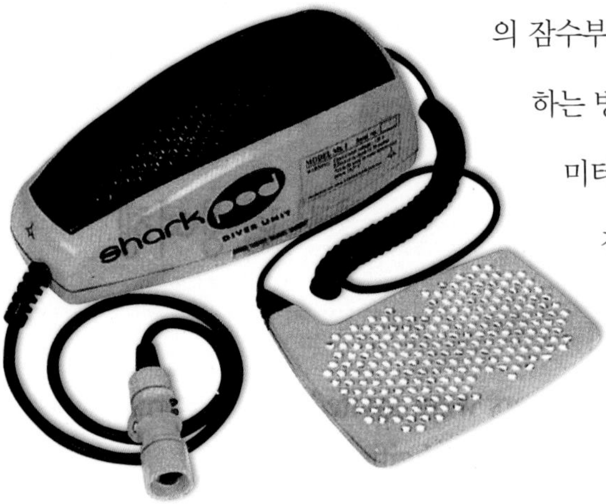

샤크포드.

최근에는 상어 공격을 막기 위

해 상어가 싫어하는 전파를 발생시키는 '샤크포드'가 개발되었고, 일부 상어들이 건전지에서 나오는 약한 전류를 싫어한다는 보고가 있어 이에 관해서도 활발히 연구되고 있다.

이상했던 1992년

1992년 일본에서는 이상할 정도로 백상아리 출현이 잦았고, 몇 번인가 피해도 발생했다. 다음은 이 시기에 내가 실제 조사한 것이다.

사고가 일어난 것은 1992년 초봄. 에히메[愛媛] 현 마츠야마[松山] 난바다에서 잠수부가 대형 동물의 공격을 받고 행방불명이 되었다. 사고 직후 해상보안부나 기자들의 문의로 내 책상 위에 있는 전화벨은 끊임없이 울려 댔다.

과거에도 상어로 인한 사고는 있었지만 간단한 조사로 마무리되곤 했다. 해상보안부는 이 사고도 '범인은 상어'라고 간단히 결론을 내리려고 했다. 그런데 이번에는 상황이 달랐다. 동료 어부들이 행방불명된 피해자를 수색하는 한편 상어 퇴치를 대대적으로 실시하여, 방송에 '동료의 복수'라는 제목으로 보도되었던 것이다. 일본에서는 처음으로 상어 공격으로 인한 대혼란이 일어나려던 참이었다.

상어 대혼란 1992년

1992년은 사실 이상한 해였다. 연초부터 세토내해에서 잠수부와 어선이 잇달아 대형 상어의 공격을 받았다. 마츠야마에서 잠수부가 행방불명된 사고가 일어나자, 많은 신문과 TV 등의 매스컴이 현장에 투입되어 내가 사는 홋카이도까지 그 소동이 전해졌다. 그러던 중 남부에서 또 거대한 백상아리가 잡혀 활활 타오르는 불구덩이에 기름을 부은 격이 되었다.

그 결과 세토내해를 중심으로 근처 지역은 전대미문의 대혼란에 빠졌고, 어업이나 항만의 수중 공사는 완전히 중단되었으며, 수산물 유통과 가격에도 악영향을 끼쳤다. 여름에는 해수욕장이 폐쇄되거나 방어네트를 설치하는 등의 대책도 세워졌다.

사람을 공격하다

마츠야마 잠수부 행방불명 사고는 1992년 3월 키조개 채취 도중에 발생했다. 키조개는 펄과 모래가 섞인 바닥에 사는 대형 이매패류다. 대부분 잠수작업으로 캐내는데 과정은 이렇다. 헬멧식 잠수복을 입고 해저로 내려간 잠수부는 로프, 통신용 케이블, 호흡용 공기파이프 등 세 개의 생명 줄로 배와 연결되고, 마이크로 배 위에 있는 선장과 통화할 수 있다. 헬멧은 잠수복에 단단히 고정되어 있어 잠수부는 머리를 뒤로 돌릴 수 없다. 잠수부들은 해저를 걸어 다니면서 진흙 속의 키조개를 갈고리로 찍어 낸다.

키조개를 찾아내려면 잠수부는 몸을 앞으로 많이 기울여 헬멧 앞의 작은 창으로 눈앞에 펼쳐진 바닥을 내려다보아야 한다. 그래서 잠수부의 시야는 자신의 눈앞에 있는 해저뿐이다. 상어가 위나 뒤에서 접근해 와도 알 수가 없다.

"(잠수 작업을 하고 있을 때) 눈앞의 바닥이 갑자기 좀 어두워진 것 같은 느낌이 들었다. 이상한 생각이 들어 몸을 세우는 순간 거대한 상어가 바로 눈앞을 스쳐 지나갔다. 그렇게 큰 상어가 내 주위를 돌며 헤엄치고 있으리라고는 꿈에서조차 생각하지 않았다. 그때, 상어의 야구공만 한 큰 눈과 마주쳤는데 공포에 몸이 얼어붙어 버렸다."

어떤 잠수부 경험담이다. 이러한 상황에서 마츠야마 잠수부는 사고를 당한 것이다. 사고가 일어난 것은 오후 3시경. 선장 말에 따르면, 갑자기 스피커에서 "올려 줘!"라는 잠수부의 비명에 가까운 절규가 들려왔다. 이어서 지직-지직- 소리가 나더니 통신이 끊겼다. 다른 선원과 함께 잠수부를 구하려고 로프와 공기파이프를 잡아당겼지만 꿈쩍도 하지 않았다. 할 수 없이 공기파이프를 배에 묶은 후 배를 천천히 움직였다. 그때는 이미 로프와 통신케이블이 끊겨 있었다.

공기파이프를 잡아당기자 헬멧과 갈기갈기 찢긴 잠수복이 올라왔다. 보통 잠수부를 해저에서 끌어올리는 일은 한 사람 힘으로도 충분하지만, 그때는 무엇인가에 걸린 것처럼 무거웠다. 해저는 모래와 진흙이 편평하게 깔려 있어 로프와 파이프가 무언가에 걸릴 일이 거의 없었다. 해저에서 해면까지는 2분 정도 거리인데 그때는 시간이 오래 걸렸다고 한다.

해상보안부는 회수된 잠수복과 헬멧을 곧바로 조사하였고, 상어가 범인이라고 발표했다. 그리고 동료 어부들은 시신을 찾기 위한 수색 작업과 상어 포획 작업에 들어갔다. 그렇게 한 달이 지났다. 그러나 잠수부는 발견되지 않았고 범인으로 추정되는 상어도 잡히지 않았다. 점점 단념의 기색이

짚어 가면서 해상보안부의 초기 조사 결과를 의심하는 듯한 보도도 나오기 시작했다.

'상어가 범인이 아니라 범고래 아닐까?'

증거 찾기

상어는 잡히지 않고 현장도 점점 혼란스러워지기 시작했다. 잠수복을 재조사해 달라는 요청이 들어왔다. 잠수부 가족도 흔쾌히 조사에 응해 주었다. 잠수부 집에는 남겨진 잠수복이나 헬멧 등 사고 당시에 착용하던 것들이 그대로 큰 나무상자에 넣어져 있었다. 그것들을 꺼내 보니 공격당한 순간의 참혹함이 한눈에 들어왔다. 조사 결과는 다음과 같았다.

잠수복 겉은 천을 붙인 얇은 고무제인데, 어깨에서 오른쪽 상반신에 군데군데 구멍이 뚫려 있었고 할퀸 자국도 많았다. 오른쪽 몸통부에는 큰 구멍이 뚫려 있었고 오른쪽 다리 부분은 아예 없었다.

금속제인 어깨부에서는 긁힌 듯 가느다란 평행의 할퀸 자국과 긴 타원형 구멍이 1개 발견되었다. 이 구멍의 가장자리는 미세한 톱니 모양이었다. 또 어깨 부분의 고무에서도 상처가 몇 개 있었고, 그 절단면에는 미세한 줄들이 그어져 있었다.

통신용 케이블을 싸고 있는 고무의 절단면에서도 가느다란 평행선이 보였다. 게다가 잠수복의 상처 하나하나를 벌려 자세히 조사한 결과, 어깨 상처에서 작고 흰 조개껍데기 같은 것이 발견되었다. 형태가 특이한 그것에

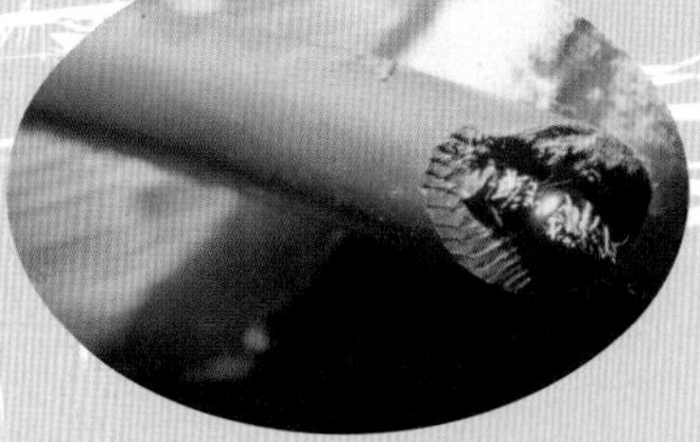

통신 케이블 절단면. 기묘한 저 자국의 정체는?

는 삼각김밥 같은 돌출부 2개가 늘어서 있었다. 돌출부 가장자리는 날카로운 칼날 같았다. 조개껍데기 조각이라고 하기에는 좀 이상했다. 기묘하게 나 있는 가느다란 평행선의 정체를 파악하기 위해 손으로 고무를 찢어도 보았지만 그러한 선은 만들어지지 않았다. 칼로 시험 삼아서 잘라 보아도 마찬가지였다. 그런데 단면에 가는 선이 몇 개 만들어져 있었다. 칼을 자세히 보니까 몇 군데 이가 빠져 있었는데 이 때문에 가는 선이 생긴 것이다. 잠수복이나 케이블 고무에 있었던 기묘한 선도 무언가 뾰족뾰족한 것으로 잘린 것임을 암시하는 것이다.

이러한 조사 결과에서 범인을 결정하는 몇 가지 단서를 찾아내지 않으면 안 되었다. 자세히 살펴보려고 삼각김밥 모양의 파편을 연구실로 가져왔다. 연구실에 있는 여러 가지 상어 이빨을 꺼내 놓고 비교해 보니, 그 파편은 상어 이빨의 거치와 완전히 일치했다. 이것으로 고무에 나 있는 가는 선을 설명할 수 있게 되었다.

범인은 범고래가 아니다. 상어! 그것도 거치상의 이빨을 가진 상어였다.

범인은 백상아리

금속에 구멍을 뚫거나 잠수복을 갈기갈기 찢어 낸 것으로 보면 틀림없이 굉장히 큰 상어일 것이다. 잠수복에 남아 있는 이빨 흔적과 발견된 이빨 파편에서 상어 턱의 폭이나 이빨 사이의 간격, 거치 크기 등 상어 크기를 추정할 수 있는 단서를 찾아내어 측정했다. 그 결과 범인 상어 턱의 폭은 대략 40센티미터이고, 이빨 사이는 상당히 떨어져 있으며, 톱날 모양의 거치 1개의 폭은 0.9밀리미터라는 사실을 알아냈다.

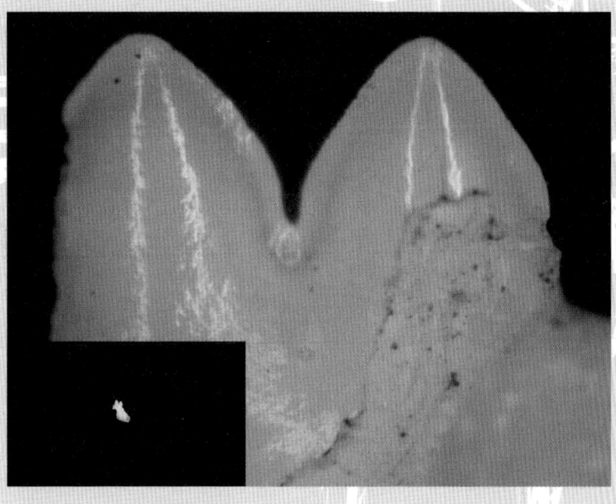

찢긴 잠수복에서 발견한 이빨 조각. 큰 사진은 확대한 것.

이러한 조건을 만족하는 상어 종류는 상당히 제한적이다. 그러나 이것만으로는 판단할 수 없었다. 사고가 발생한 3월 초순 당시 현장 부근의 해저 수온을 조사했더니 약 섭씨 12도. 이 정도의 수온은 열대성 상어에게는 너무 차갑다. 그렇다면 뱀상어와 흉상어는 아니다.

결국 백상아리가 떠오르기 시작했다. 곧바로 잠수복에서 발견된 이빨 파편과 소장하고 있었던 몸길이 5미터인 백상아리 이빨을 비교해 보았다. 거치의 크기와 모양이 똑같았다. 백상아리는 이빨 사이의 간격이 넓다. 같은 시기에 시코쿠[四國]와 규슈[九州]의 태평양 연안에서도 백상아리가 몇 마리 잡혔기 때문에, 백상아리가 세토내해에 들어왔다고 해도 이상한 일은 아니다. 이러한 모든 정보로 얻어진 결론은 단 하나. 범인은 몸길이 5미터 정도의 백상아리라는 것이다.

이것으로 끝?

사고가 발생한 지 약 2개월 후인 5월. 효오고[兵庫] 현에서 저인망 어업을 하던 어선이 몸길이 4.9미터의 거대한 백상아리를 잡았다. 사고 후 처음으로 세토내해에서 잡힌 대형 백상아리였기 때문에 '드디어 범인 체포'라고 술렁이기 시작했다. 이 백상아리를 수산시험장에서 해부하여 위 내용물을 조사하였지만, 위 속은 텅 비어 있었다. 그 밖에도 이 상어가 범인이라고 추정할 만한 어떤 것도 발견되지 않았다. 결국 아무런 단서도 찾지 못한 채 3개월이 지나고 소란도 점차 가라앉기 시작했다. '이것으로 상어로 인한 격동의 시간도 끝이구나!'라고 모두 생각하였다. 그리고 6월 16일 상어대책본부도 해산되기에 이르렀다.

제2막의 시작

그런데…. 6월 17일 다시 상어 피해가 발생한 것이다. 그것도 상어대책본부가 해산된 바로 다음날이었다. 이번에는 어선. 장소는 이전과 같은 에히메 현. 해산된 상어대책본부가 얼마나 당황했는지는 말을 안 해도 상상할 수 있으리라.

백상아리에게 공격당한 배와 그 흔적.

배를 공격하다

그것도 대낮에 발생한 일이었다. 장소는 마츠야마에서 남서로 60킬로미터 떨어진 에히메 현. 이번 피해는 영화 <죠스>의 공격 장면과 같았다. 공격당한 어부에게 당시 일을 물어보려 했지만, 가족들이 '본인이 기억하고 싶어 하지 않으니 그냥 내버려 두었으면 좋겠다'며 말렸다. 공상영화에서나 나올 법한 일을 직접 겪었으니 그럴 만도 했다.

신문이나 TV 보도를 종합하고 배에 남겨진 흔적 등까지 조사한 결과 아래와 같은 상어의 공격이었음이 명확해졌다.

어부는 정오가 지난 후 목선(길이 약 5미터, 폭 1.3미터)을 타고 전갱이낚시를 나갔다. 이가카 마을에서 북쪽으로 1.5킬로미터 정도 떨어진 곳이었다. 어부는 배를 멈추고 낚시 준비를 하고 있는데 갑자기 "쿵" 하고 큰소리가 났다. 그러더니 몸길이 5미터 정도의 큰 상어가 입을 벌리며 뱃머리 오른쪽에 부딪히는 게 아닌가. 상어는 거대한 입을 벌리고 배에 올라탈 듯이 하며 배를 물어뜯었다. 배가 흔들리자 어부는 노로 상어의 머리를 때리고 밀쳐 내면서 필사적으로 반격을 가했다. 그리고 약 5분간의 사투 끝에 겨우 항구로 도망쳐 돌아왔다. 주위에는 30척 정도의 배가 전갱이낚시를 하고 있었지만, 상어의 공격을 받은 것은 그 배뿐이었다. 가까이에 있었던 한 어부는 그 어부 배에 큰 상어가 부딪히는 것을 보았다고 전했다.

범인은 또다시 백상아리

귀항한 후 어부의 배를 조사해 보았다. 앞에서부터 뒤까지 무엇인가에 베인 듯한 길이 5~15센티미터의 흠집이 많이 나 있었고, 날카로운 끌로 비스듬하게 내리친 것 같은 깊은 흔적도 볼 수 있었다. 배 바닥에서는 상어가 남겨 놓은 이빨도 발견되었다. 이 이빨은 뾰족한 삼각형으로 가장자리에 다수의 거치가 있어 백상아리 아래턱 이빨이라는 것을 한눈에 알 수 있었다. 범인 탐색은 간단하게 끝났다.

1992년에는 결국 1월에서 6월까지 에히메 현 세토내해에서 적어도 5건 정도의 백상아리로 인한 위협적인 공격이 있었다. 조상 대대로 잠수업을 하는 어떤 사람의 이야기에 따르면 이전에는 이러한 상어 피해가 전혀 없었다고 한다. 이후에도 이러한 상어 사건은 발생하지 않았다. 1992년만이 백상아리 출몰의 해이었던 것 같다. 원인은 알려지지 않았지만, 당시의 바다 환경이나 몇 가지 조건이 겹친 이상 사태이었을 것이다.

상어가 궁금해!

이타가키 사나에 와카나이 시립중학교 2학년

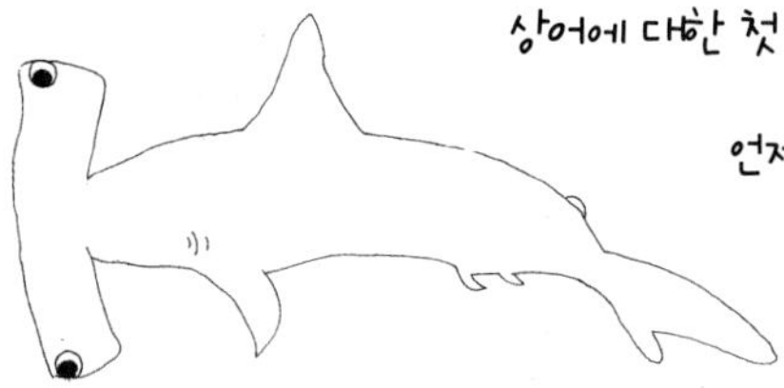

상어에 대한 첫인상은 난폭 그 자체! 영화에 자주 등장하는 상어는 언제나 사람을 죽이거나 물어뜯거나 수영하는 사람을 쫓아다니기 때문에 그렇게 생각해요. 그런데 언젠가 선생님(니와 나츠코, 와카나이 시립중학교 교사)이 해 주신 상어 이야기를 듣고 그 생각이 바뀌었어요. 사람을 공격하는 상어도 있지만 위험하지 않은 상어도 많다는 사실을 알았답니다. 어쨌든 상어는 참 흥미로운 동물이에요.

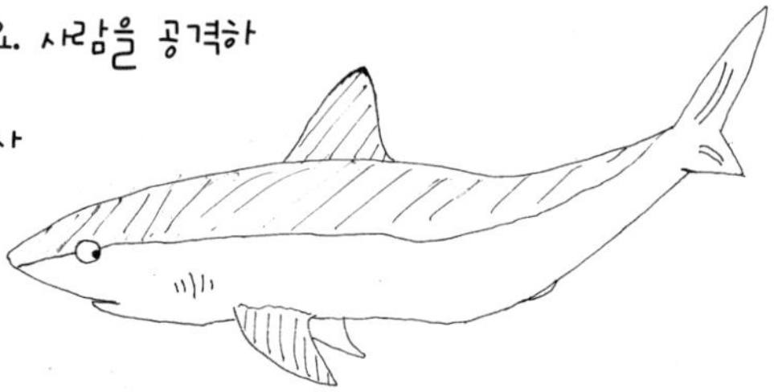

호리 마아사 와카나이 시립중학교 1학년

내가 놀란 것은 '캐비어'가 상어 알이 아니라는 것이에요. 지금까지 상어 알이라고 생각했던 나는 폭탄을 맞은 것처럼 놀랐어요. '캐비어'는 철갑상어라는 물고기 알이라고 하네요. 철갑상어도 상어라는 말이 붙어서 상어 한 종류라고 생각했었는데, 전혀 다른 물고기라는 게 놀라웠어요. 그 밖에 빨판상어도 가짜 상어라고 해요. 상어가 무섭고 상어에 별로 흥미도 없었는데, 이젠 상어에 대해 더 알고 싶어졌어요. 상어는 무엇을 먹을까, 머리는 얼마나 좋을까 하는 질문이 꼬리를 물어요. 꼭 알아보고 싶어요.

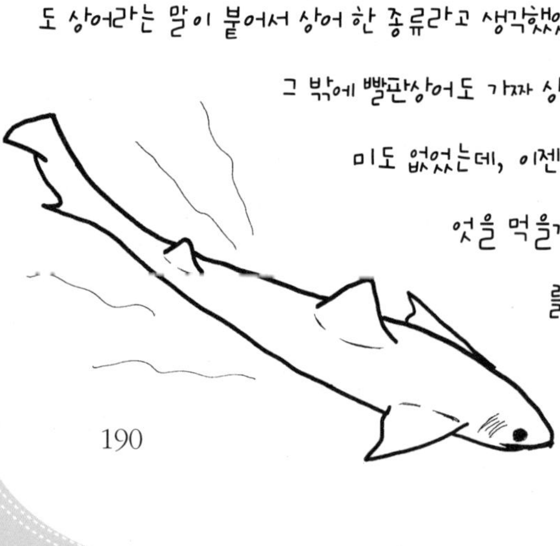

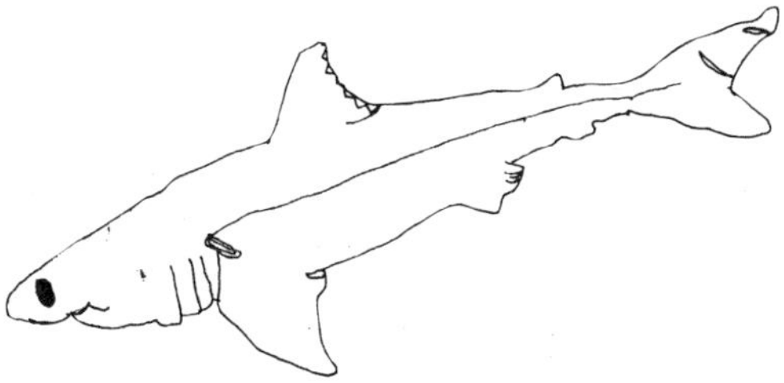

아베 요시카 와카나이 시립중학교 1학년

모두 상어를 무서워하지만 나는 상어가 굉장히 멋져 보여요. 상어를 보고 있으면 "내가 나가신다!" 호령하는 것 같거든요. 상어는 영어로 '샤크(shark)'라는 멋진 이름도 가지고 있어요. 상어는 물고기이지만 사람과 상어가 친구가 되면 무척 재미있을 것 같아요. 상어와 같은 멋진 친구가 있으면 다른 친구들에게 자랑도 할 수 있겠지요? 그래서 어른들도 아이들도 상어를 무서워하지 않게 되면 좋겠어요.

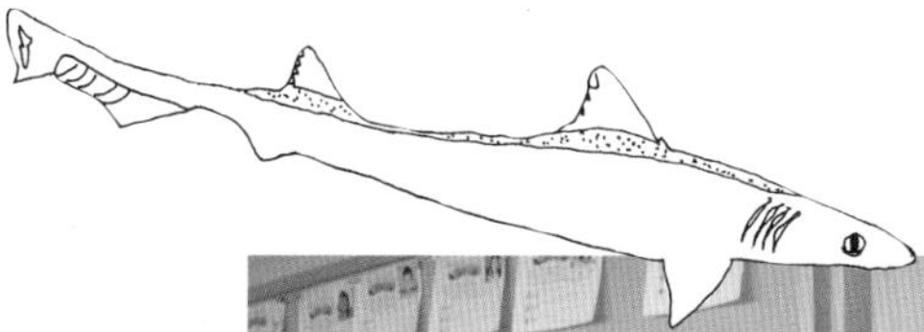

"상어에 관해 궁금한 게 너무너무 많다"는 아베 요시카(맨 앞), 호리 마아사(뒤 왼쪽), 이타가키 사나에(뒤 오른쪽).

강수현 군산 산북초등학교 2학년

상어는 덩치가 크고 이빨이 뾰족해서 무서워요. 상어 중에서도 머리가 망치처럼 생긴 귀상어가 제일 무서워요.

큰 머리로 바닥에 숨어 있는 물고기를 잡아먹는 귀상어 모습은 악마 같아요. 그래서 상어와 함께 사는 물고기들이 불쌍해요.

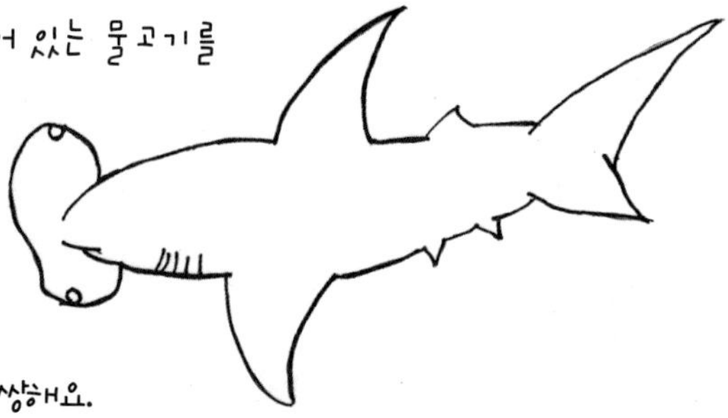

이상호 경기도 광명초등학교 5학년

상어들에게도 나름대로 왕이 있을 것 같다. 덩치가 커야 왕일까? 아니면 이빨이 튼튼해야 왕일까? 또 동무들이 많아야 왕일까? 문득 궁금해졌다.

주연규 김해 외동 서중학교 1학년

TV에서 백상아리가 솟구쳐 물개를 사냥하는 장면을 봤는데 무섭다기보다는 굉장히 멋졌어요. 상어는 '로렌치니병'이라는 다른 동물에서 볼 수 없는 독특한 감각기관을 가지고 있고, 환도상어는 긴 꼬리지느러미로 먹이 사냥도 하지요. 이것 때문에 나는 상어가 매우 발달된 동물이라고 생각해요. 나는 상어의 로렌치니병에 대해 연구해 보고 싶어요. 이 기관은 살아있는 생물체에서 나오는 약한 전류를 이용해 그 물체의 위치와 정체를 알아내요. 만약 이것과 같은 역할을 하는 발명품이 나온다면 시각장애인에게 많은 도움이 될 거예요.

상어 박사를 꿈꾸는 연규 군.
오른쪽은 이 책을 옮긴 최윤 박사.

Choi, Y. and K. Nakaya. 2002. First report on fatal shark attacks along the western coast of Korea, with records of white shark, *Carcharodon carcharias*, in Korean waters. Korean Journal of Ichthyology, 14(2) : 153-157.

Compagno, L.J.V. 2001. Sharks of the world. Vol. 2, Bullhead, mackerel and carpet sharks (Heterodontiformes, Lamniformes and Orectolobiformes). FAO, Rome, 269pp.

Leigh-Sharpe, W.H. 1924. The comparative morphology of the secondary sexual characters of Holocephali and Elasmobranch fishes. Mem. V., Journal of Morphology, 39:221-243.

Maisey, J.G. 1980. An evaluation of jaw suspension in sharks. American Museum Novitates, (2706) : 1-17.

Moss, S.A. 1972. The feeding mechanism of sharks of the family Carcharhinidae. Journal of Zoology, London, 167:423-436.

Nakaya, K. 1975. Taxonomy, comparative anatomy and phylogeny of Japanese catsharks, Scyliorhinidae. Memoirs of Faculty of Fisheries, Hokkaido University, 23:1-94.

Nakaya. K. 1995. Hydrodynamic function of the headin the hammerhead sharks (Elasmobranchii: Sphyrnidae). Copeia, 1995:330-336.

Nakaya, K. and K. Sato. 1999. Species grouping within the genus

Apristurus (Elasmobranchii, Scyliorhinidae). Pages 307-320. In B. Seret and J-Y Sire, eds. Proc. 5thIndo-Pacific Fish Conf. (Noumea, 3-8 Nov. 1997). xxi+866pp. Soc. Fr. dIchtyol.& Inst. de Rec. pour le Develop. Paris.

Nakaya, K. 2001. White band on upper jaw of megamouth shark, *Megachasma pelagios*, and its presumed function (Lamniformes: Megachasmidae). Bulletin of Fisheries Sciences, Hokkaido University, 52:125-129.

Schaeffer, B. 1967. Comments on elasmobranch evolution. Pages 3-35. In; Sharks, Skates and Rays. Johns Hopkins Press, Baltimore. 624pp.

Shirai, S. and K. Nakaya. 1992. Functional morphology of feeding apparatus of the cookie-cutter shark *Isistius brasiliensis* (Elasmobranchii, Dalatiinae). Zoological Science, 9:811-821.

Springer, V.G. and J.P. Gold. 1989. Sharks in question: the Smithsonian answer book. Smithsonian Institution, Washington, D.C., 187pp.

Strong, W.R., Jr., F.F. Snelson and S.H. Gruber. 1990. Hammerhead shark predation on stingrays; an observation of prey halndling by *Sphyrna mokarran*. Copeia, 1990:836-840.

Yano, K., J. Morrissey, Y. Yabumoto and K. Nakaya. 1997. Biology of the megamouth shark. Tokai University Press, Tokyo. 203pp.

ㄱ

ㄴ

ㅅ

ㅇ

ㅍ

ㅎ